U0321793

翻译指导 黄 荭
责任编辑 卜艳冰 张玉贞
装帧设计 汪佳诗

鸟的王国

欧洲雕版艺术中的鸟类图谱

— 5 —

〔法〕布封 著　〔法〕弗郎索瓦 - 尼古拉·马蒂内 等 绘

刘晓钰　马艳君 译

人民文学出版社
PEOPLE'S LITERATURE PUBLISHING HOUSE

图书在版编目（CIP）数据

鸟的王国：欧洲雕版艺术中的鸟类图谱.5 /（法）
布封著；(法) 弗郎索瓦-尼古拉·马蒂内等绘；刘晓钰，
马艳君译. —— 北京：人民文学出版社，2022
（99博物艺术志）
ISBN 978-7-02-017308-2

Ⅰ.①鸟… Ⅱ.①布… ②弗… ③刘… ④马… Ⅲ.
①鸟类~图谱 Ⅳ.①Q959.7-64

中国版本图书馆CIP数据核字(2022)第122904号

责任编辑　卜艳冰　　张玉贞
装帧设计　汪佳诗

出版发行　人民文学出版社
社　　址　北京市朝内大街166号
邮政编码　100705

印　　制　凸版艺彩（东莞）印刷有限公司
经　　销　全国新华书店等

字　　数　224千字
开　　本　889毫米×1194毫米　1/16
印　　张　14
版　　次　2017年1月北京第1版
　　　　　2022年9月北京第2版
印　　次　2022年9月第1次印刷

书　　号　978-7-02-017308-2
定　　价　198.00元

如有印装质量问题，请与本社图书销售中心调换。电话：010-65233595

出版前言

布封（Georges Louis Leclere de Buffon，1707—1788），18世纪时期法国最著名的博物学家、作家。1707年生于勃艮第省的蒙巴尔城，贵族家庭出身，父亲曾为州议会法官。他原名乔治·路易·勒克莱克，因继承关系，改姓德·布封。布封在少年时期就爱好自然科学，特别是数学。1728年大学法律本科毕业后，又学了两年医学。1730年，他结识一位年轻的英国公爵，一起游历了法国南方、瑞士和意大利。在这位英国公爵的家庭教师、德国学者辛克曼的影响下，刻苦研究博物学。26岁时，布封进入法国科学院任助理研究员，曾发表过有关森林学的报告，还翻译了英国学者的植物学论著和牛顿的《微积分术》。1739年，布封被任命为皇家花园总管，直到逝世。布封任总管后，除了扩建皇家花园外，还建立了"法国御花园及博物研究室通讯员"的组织，吸引了国内外许多著名专家、学者和旅行家，收集了大量的动、植、矿物样品和标本。布封利用这种优越的条件，毕生从事博物学的研究，每天埋头著述，四十年如一日，终于写出36卷的巨著《自然史》。1777年，法国政府在御花园里给他建立了一座铜像，座上用拉丁文写着："献给和大自然一样伟大的天才"。这是布封生前获得的最高荣誉。

《自然史》这部自然博物志巨著，包含了《地球形成史》《动物史》《人类史》《鸟类史》《爬虫类史》《自然的分期》等几大部分，对自然界作了详细而科学的描述，并因其文笔优美而闻名于世，至今影响深远。他带着亲切的感情，用形象的语言替动物们画像，还把它们拟人化，赋予它们人类的性格，大自然在他的笔下变得形神兼备、趣味横生。

正是在布封的主导和推动下，在其合作者E.L.·多邦东和M.·多邦东的协助下，邀请同时代法国著名法人设计工程师、雕刻师和博物学家弗郎索瓦-尼古拉·马蒂内手工雕刻插图，最初这些插图雕刻在42块手工调色木板上，每块木板上雕刻24幅图，没有任何文字解释。在这1008幅图中，其中973幅是鸟类，35幅是其他动物（包括28种昆虫、3种两栖和爬行类动物和4种珊瑚）。自1765年到1783年间，巴黎出版商庞库克公司（Panckoucke）将这1008幅图以 *Planches enluminées d'histoire naturelle(1765)* 为书名，分10卷陆续出版，距今已经过去两百五十多年。

在中文世界，上海九久读书人以"鸟的王国：欧洲雕版艺术中的鸟类图谱"为题，将这1008幅图整理并结集出版。除了精心修复图片，保持其古典和华丽特色的同时，编者还邀请译者精准翻译鸟类名称，并增加相关的知识性条目介绍，力图将这套鸟类图鉴丛书打造成融艺术欣赏性与知识性于一体，深具收藏价值的博物艺术类图书，以飨中文世界的读者。

塞内加尔黑胸距翅麦鸡 (*Pluvier armé du Sénégal*)

　　黑胸距翅麦鸡，鸻科、麦鸡属，是大中型涉禽。有着黑色鸟冠、胸和尾巴；颈前有黑色条纹；面部、颈部和腹部均为白色；翅膀和背部呈浅棕色。外表引人注目，易躁动。喜欢栖息于沼泽地和淡水湿地，以昆虫和其他无脊椎动物为食。通常会在地凹处产下2枚黄色斑点卵。有时会用翅膀和爪攻击靠近其后代的其他动物，但很少攻击人类。

鹊鸭（*Le Garrot*）

　　鹊鸭，体长 32~69 厘米。嘴短粗，颈亦短，尾较尖。头呈黑色，两颊近嘴基处有大型白色圆斑。上体呈黑色，颈、胸、腹、两胁和体侧为白色。嘴呈黑色，眼呈金黄色，脚呈橙黄色。主要栖息于平原森林地带中的溪流、水塘和水渠中。善潜水，一次能在水下潜泳三十秒左右。食物主要为昆虫及其幼虫、蠕虫、甲壳类动物、软体动物、小鱼、蛙及蝌蚪等。分布在北美北部、西伯利亚、欧洲中部和北部、亚洲等地。

红头潜鸭 （*le Millouin*）

　　红头潜鸭，体长42~49厘米。雄鸭头顶呈红褐色，圆形；胸部和肩部呈黑色；其他部分大都为淡棕色；翼镜大部呈白色。雌鸟大体都呈淡棕色，翼呈灰色，腹部灰白。很少鸣叫。为深水鸟类，善于收拢翅膀潜水。杂食性，主要以水生植物和鱼虾贝壳类为食。繁殖于英国、斯堪的纳维亚半岛南部、欧洲西伯利亚南部、蒙古和中国，在欧洲南部、非洲北部、阿富汗、巴基斯坦、印度、孟加拉国、缅甸、中南半岛、中国和日本等国家和地区越冬。

西印度树鸭 （*Canard Siffleur, de S.t Domingue*）

　　西印度树鸭，体长 48~56 厘米，是一种大型、直立而长颈的水鸭。成鸭具黑冠和浅棕色的脸颊；背部、胸部和翅膀呈深褐色；腹部为白色，有黑色斑纹；侧翼呈黑色；长长的黑喙；灰黑色的长腿；两性类似。栖息于丘陵谷间小盆地或面积不大而浅水的水域，以及水库中潮湿多草的小岛上。善游泳和潜水，且潜水能力甚强，一次潜水可达十几分钟。性极为机警。食物主要为稻谷、作物幼苗、青草和水生植物等植物性食物。

中国鸳鸯，雄鸟 （*Sarcelle mâle, de la Chine*）

鸳鸯，鸳指雄鸟，鸯指雌鸟。体长 38~45 厘米，体重约五百克。雌、雄异色。雄鸟嘴呈红色，脚呈橙黄色，羽色鲜艳而华丽，头具艳丽的冠羽，眼后有宽阔的白色眉纹。翅上有一对栗黄色扇状直立羽，像帆一样立于后背，非常奇特和醒目，在野外极易辨认。主要栖息于山地森林河流、湖泊、水塘、芦苇沼泽和稻田地中，杂食性。鸳鸯为中国著名的观赏鸟类，被看成爱情的象征，因为人们见到的鸳鸯都是出双入对的。经常出现在古代汉族神话传说和文学作品中。

中国鸳鸯，雌鸟 (*Femelle de la Sarcelle, de la Chine*)

　　鸳鸯雌鸟嘴呈黑色；脚呈橙黄色；头和整个上体为灰褐色；眼周为白色，其后连一细的白色眉纹，亦极为醒目和独特。习性与雄鸟相同。

果阿凤头麦鸡 （*Vanneau armé, de Goa*）

　　凤头麦鸡，全长约三十二厘米。雄鸟上体具绿黑色金属光泽，胸近黑色，腹部呈白色。头顶呈黑色，有长而向前反曲的黑色羽冠。后颈呈暗褐色，颈侧为白色，喉和前颈呈黑色。尾白而具宽的黑色次端带。雌鸟喉及颈呈白色，冬季脸则呈棕褐色，喉及前颈呈白色。栖息于江边滩地、沼泽、苇塘、草原、田间等地，以植物种子、蚯蚓、蜗牛、昆虫等为食。繁殖期为6~8月，在沼泽附近草地营巢。繁殖于中国北方大部分地区，到北纬32度以南越冬。

马拉尼昂白脸树鸭（*Canard du Maragnan*）

　　白脸树鸭，雁形目、鸭科。其喙呈灰色，头部及脚都很长。面部及冠都是白色，后枕呈黑色。背部及双翼都是深褐色至黑色，下身呈黑色，两侧有白色斑纹。颈和胸部呈栗褐色。栖息于富有植物的池塘、湖泊、水库等水域中。飞行力弱，速度不及其他鸭类快。善游泳和潜水，且潜水能力甚强。常成几只到数十只的群体活动和觅食，也有多到数百只的大群。以植物种子及嫩茎叶为主食。

marchart.

马达加斯加紫水鸡 (*La Talève, de Madagasgar*)

　　紫水鸡，体大而壮，体长约四十二厘米。红色的嘴形特别大，除尾下覆羽为白色外，整个体羽呈蓝黑色并具紫色及绿色闪光。具一红色的额甲，跗跖和趾呈暗红色。栖息于江河、湖泊周围的沼泽地和芦苇丛中。性温顺而胆小，多在清晨和黄昏活动，白天多躲藏在芦苇丛中。活动时声音较为嘈杂，频繁地发出"咯咯"声和"哼哼"声。不善飞翔，很少游泳。杂食性，但主要以植物为食。能用前脚趾抓住和撕碎食物，或用喙移动石块和翻动植物。

1. 圣多明蓝头歌雀 （*L'Organiste, de S.t Domingue*）

蓝头歌雀，燕雀科、歌雀属。头顶呈蓝色，嘴呈黑灰色，头顶与嘴之间覆羽呈黄色，颈、上背、翅膀及尾巴呈黑色，脚呈灰色，身体其他部位为黄色。常栖息于亚热带或热带干燥森林、亚热带或热带潮湿低地森林。喜食小水果、浆果和昆虫。分布在中美洲，主要生活在小安的列斯群岛和伊斯帕尼奥拉岛东边大安的列斯群岛的主要岛屿上。

2. 卡宴暗黄唐纳鹀 （*Tangara jaune à tête noire, de Cayenne*）

暗黄唐纳鹀，裸鼻雀科、唐纳鹀属。头部、翅膀和尾巴呈黑色，嘴呈黑灰色，脚呈灰色，身体其他部位呈黄色。常栖息于亚热带或热带潮湿低地森林。和其他唐纳鹀属的鸟一样，取食昆虫和水果。常成对出现，或和其他鸟类一起成群活动。分布在巴西、哥伦比亚、厄瓜多尔、法属圭亚那、圭亚那、秘鲁、苏里南和委内瑞拉等国家与地区。

1.

2.

Martinet

011

大杜鹃（*Le Coucou*）

　　大杜鹃，杜鹃科，是农村家喻户晓的"布谷鸟"。体形大小和鸽子相仿，但较细长。上体暗灰色，腹部布满了横斑。脚有四趾，二趾向前，二趾向后。栖息于开阔林地，特别在近水的地方。常晨间鸣叫，每分钟 24~26 次，连续鸣叫半小时方稍停息。叫声特点是四声一度——"布谷布谷，布谷布谷"。性懦怯，常隐伏在树叶间。飞行急速无声。不自营巢，而把卵置于其他鸟类的巢内。取食鳞翅目幼虫、甲虫、蜘蛛、螺类等。

martinet.

卡宴纵纹鹃 （*Coucou tacheté, de Cayenne*）

　　纵纹鹃，杜鹃科、纵纹鹃属。体长约二十七厘米。成鸟上体呈灰棕色，有黑色和浅黄色的条纹。尾巴为栗色且长。下体为灰白色。幼鸟有浅黄色斑点，且背部和翅膀更具红褐色。常栖息于野外树木、灌木和红树林中。它是美洲极少数雏寄生杜鹃之一。往往从地上攫取大型昆虫吃。性孤僻胆小，经常藏身于灌木丛中。会在宽阔的栖息地歌唱，叫声特点为"wu—weee"或"wu—wu—wee"。分布在中美洲和南美洲。

红树美洲鹃 (*Coucou des Palétuviers, de Cayenne*)

红树美洲鹃，杜鹃科、美洲鹃属。上体呈青灰色，下体呈黄白色；上喙呈黑色，下喙呈黄色；尾巴长且为棕、青、灰、白杂色。脚呈淡黄色。虽然学名意为"小"，但该物种是北美最大型树鹃，成鸟体长为28~34厘米。常栖息于红树林沼泽地区。喜食毛毛虫和蝗虫，也食其他昆虫和水果，如蜘蛛、蜗牛、小蜥蜴等。两性共同育雏。分布在北美地区。

班乃岛八声杜鹃 (*Petit Coucou, de l'Isle Panay*)

　　八声杜鹃，小型鸟类，体长 21~25 厘米。雄鸟头、颈和上胸呈灰色；翅膀呈栗色；尾呈暗灰色，具白色端斑；胸以下呈黄色。雌鸟通体为灰黑色和栗色相间。常栖息于低山丘陵、草坡、平原、耕地和村庄附近的树林与灌丛中。单独或成对活动。生性较其他杜鹃活跃，常不断地在树枝间飞来飞去。叫声为八声一度。繁殖期间喜欢鸣叫，尤其是阴雨天鸣叫频繁，鸣声尖锐、凄厉，故有"哀鹃"及"雨鹃"之名。主要以昆虫为食，尤以毛虫等鳞翅目幼虫最为喜食。

大马岛鹃 (*Coucou verdâtre, de Madagascar*)

　　大马岛鹃，杜鹃科、马岛鹃属。体长约六十二厘米。上体呈褐色，喉呈淡黄白色，胸部呈橘黄色，腹部及上腿呈栗色，下腿呈灰色，脚呈淡黄色。这些鸟在大型的非砍伐走廊林可以经常看到，那里没有浓密的灌木丛，能给它们提供更大的流动性空间，表现了它们对树木高大、不受打扰的森林的偏好。取食种子、昆虫和一些小的脊椎动物，如变色蜥蜴。分布在印度洋，包括马达加斯加群岛及其附近岛屿。

黄嘴美洲鹃（*Coucou de la Caroline*）

　　黄嘴美洲鹃，杜鹃科、美洲鹃属。上体呈青褐色；翅膀外侧呈棕色；尾巴长，尾羽外侧呈栗色，内侧呈青褐色，具白色端斑；下体呈白色；上喙呈黑色，下喙内黄外黑。常栖息于茂密的灌木和树木中。主要吃昆虫，尤其是天幕毛虫和蝉，也食一些蜥蜴、其他鸟类的卵和浆果，还可以捕捉飞行的昆虫。该鸟叫声多种，最常见的为快速的"ka ka ka ka ka kow kow kow"。分布在北美洲。

卡宴裸颈鹳（*Le Jabiru, de Cayenne*）

　　裸颈鹳，是在南美洲及中美洲最高的飞行鸟类。雄鸟和雌鸟很像，但雄鸟较大，高达一百五十厘米。它们的喙长达三十厘米，呈黑色且很阔，稍为向上弯曲，尖端锋利。羽毛差不多全白，但头部及上颈部都没有羽毛，且是黑色的。下颈可以伸缩且呈红色。群居在河边及湖边，吃大量鱼类、软体动物及两栖类，有时也会吃爬行动物及细小的哺乳动物。甚至会吃腐尸及死鱼，可以帮助维系水质。在巴西的潘塔纳尔湿地及巴拉圭的大峡谷最为常见。

martinet.

白腰杓鹬（*Le Courly*）

　　白腰杓鹬，鹬科、杓鹬属。其头顶及上体呈淡褐色，密被黑褐色羽干纹，自后颈至上背羽干纹增宽，到上背则呈块斑状。下背、腰及尾上覆羽呈白色。栖于水边沼泽地带及湿地草甸和稻田中。常成小群活动。性机警，活动时步履缓慢稳重，并不时地抬头四处观望，发现危险，立刻飞走，并伴随一声"go—ee"的鸣叫。飞行有力，两翅扇动缓慢。常边走边将长而向下弯曲的嘴插入泥中探觅食物。主要以甲壳类、软体动物、蠕虫、昆虫和昆虫幼虫为食。

意大利彩鹮 (*Courly, d'Italie*)

　　彩鹮，鹮科、彩鹮属。体长 48~66 厘米。上体具绿色及紫色光泽；嘴近黑色；脚呈绿褐色；脸部裸露，裸皮及眼圈呈铅色。主要栖息于温暖的河湖及沼泽附近，有时也会到稻田中活动活动。性喜群居，而且经常与其他的一些鹮类、鹭类集聚在一起活动。主要以水生昆虫、昆虫幼虫、虾、甲壳类动物、软体动物等小型无脊椎动物为食。因为栖息地的减少和环境污染问题，现已濒临绝迹。

卡宴绿鹮（*Courly vert, de Cayenne*）

　　绿鹮，鹮科、绿鹮属。体长约四十五至六十厘米。全身呈墨绿色；嘴呈淡黄色且长，向下弯曲；眼周围呈橙色；脚呈淡黄色。生活于各种森林湿地环境中，特别是沼泽和沿河流和湖泊的边缘。经常在树上栖息。于黄昏时活动，经常单独或成对活动，很少合群。取食鱼、青蛙及其他水生动物，也食昆虫。经常在黎明和黄昏时发出"kro kro or koro koro"的叫声。通常用细枝将巢建于树的高处。

卡宴棕顶蚁鸫 (*Le Tétema, de Cayenne*)

　　棕顶蚁鸫，蚁鸫科、蚁鸫属。体羽主要为深棕色，颈后部羽毛为栗色，嘴和尾羽呈灰色，脚呈淡黄色。羽毛丰满，翅膀短圆，头和眼睛相对较大，尾巴短。自然栖息地是亚热带或热带潮湿低地森林。倾向于在地面和接近地面的灌草丛中活动，以蚂蚁和昆虫为主要食物。巢建在树上或草丛中，每巢产 2 或 3 枚卵，雌、雄亲鸟共同孵化。分布在南美洲，包括委内瑞拉、圭亚那、苏里南、厄瓜多尔、秘鲁、玻利维亚、巴拉圭、巴西、智利、阿根廷等。

菲律宾鹰鹃（*Coucou, des Philippines*）

　　菲律宾鹰鹃，杜鹃科、鹰鹃属。中型杜鹃，体长约二十九厘米。通体为黑色和棕色两种颜色，背部和翅膀为棕色，其他部位呈黑色。腿和脚呈黄色。栖息于森林和森林边缘地带。叫声特点为 5~7 个音符，呼叫持续约一点五秒，并重复多达十次，声音愈发响亮。性格非常害羞，是一种罕见鸟。分布在菲律宾距海平面二千三米以上的大岛屿中。繁殖季从 4 月开始。

1. 卡宴栗带食蚊鸟，雄鸟 （*Fourmilier à oreilles blanches, de Cayenne*）

栗带食蚊鸟，食蚊鸟科、食蚊鸟属，小型鸟。雄鸟头呈栗色，有白色眉纹，有一条栗带横过胸部，颌、颈及上体呈黑色，腹部呈白色，脚呈淡黄色。

自然栖息地是热带潮湿低地森林。主食昆虫、蜘蛛、毛毛虫、昆虫的幼虫、蚱蜢和甲虫。只有约清晨或黄昏时活跃，是最突出的黄昏鸟类之一，通常在白天不易发现其踪影。分布在南美洲，包括哥伦比亚、圭亚那、苏里南、厄瓜多尔、秘鲁、阿根廷、乌拉圭等。

2. 卡宴栗带食蚊鸟，雌鸟 （*sa femelle*）

栗带食蚊鸟雌鸟与雄鸟体征相似，但喉及颈为白色。生活习性同雄鸟。

Martinet

1. 卡宴点斑蚁鸟 （*Fourmilier grivelé, de Cayenne*）

点斑蚁鸟，蚁鸟科、点斑蚁鸟属。体长约十一厘米，体重 16~19.5 克。上体及下腹呈褐色，下体呈白色，胸部和上腹有黑色斑点。栖息于热带或亚热带潮湿低地森林。在白天活动，但不愿意直接暴露在阳光下。不擅长飞行，大部分时间都花在地面上。主要食物为节肢动物，其中多数为昆虫，包括草蜢、蟋蟀、蟑螂、螳螂、竹节虫及蝴蝶和蛾的幼虫。分布在南美洲。

2. 卡宴斑背蚁鸟 （*Fourmilier tacheté, de Cayenne*）

斑背蚁鸟，蚁鸟科、点斑蚁鸟属。上体呈褐色，背部和翅膀具有白色斑点。喉、颈、翅膀呈黑色。胸部和上腹部呈白色，胸部有黑色斑点。下腹及腿呈黄色，脚呈灰色。它的自然栖息地是亚热带或热带潮湿的低地森林和亚热带或热带沼泽。与其他蚁鸟一样，喜食昆虫和蚂蚁。分布在玻利维亚、巴西、哥伦比亚、厄瓜多尔、法属圭亚那、圭亚那、秘鲁、苏里南和委内瑞拉等地。

martinet

赤颈鸭（*Le Canard siffleur*）

　　赤颈鸭，属中型鸭类，体长 41~52 厘米。雄鸟头和颈呈棕红色，额至头顶有一乳黄色纵带。背和两胁呈灰白色，满杂以暗褐色波状细纹，翼镜呈翠绿色，翅上覆羽呈纯白色。雌鸟上体大都为黑褐色，翼镜呈暗灰褐色，上胸呈棕色，其余下体呈白色。栖息于江河、湖泊、水塘、河口、海湾、沼泽等各类水域中。主要以植物性食物为食。除繁殖期外，常成群活动，也和其他鸭类混群。善游泳和潜水，飞行快而有力。有危险时能直接从水中或地上冲起，并发出响亮清脆的叫声。

卡宴黑腹树鸭（*Canard Siffleur, de Cayenne*）

黑腹树鸭，体长 48~53 厘米。有一个红色的长喙和长腿；头部呈浅灰色；腹部和尾巴为黑色；脖颈和上体呈栗色；脸颊和上颈部呈灰色；虹膜呈褐色，有明显的白色眼环。两性体征类似。栖息于丘陵谷间小盆地或面积不大而水浅的水域，以及水库中潮湿多草的小岛上。飞行力弱，潜水能力强。既能在水面觅食，也能潜入水下觅食，有时也到水边地上觅食青草。食物主要为稻谷、作物幼苗、青草和水生植物等植物性食物。

紫滨鹬（*Le Chevalier rayé*）

　　紫滨鹬，鸻形目、鹬科滨鹬属。中小型涉禽，喙和腿长度中等，翅窄，尾较短。上体由淡褐色、浅黄色和黑色区域组成复杂的"枯草"图案，下体呈白色或淡黄色，秋季羽色较春季浅。栖息于海岸、近海岸沼泽、河川等地。繁殖于多雾的北极高地（主要在北美洲东部和北欧），越冬地北至格陵兰岛和英国。在野外易于接近。飞翔力强，飞行时颈与脚均伸直。取食甲壳类动物、昆虫和植物。在沼泽、河川附近草丛中筑巢。

卡宴杂色穴（共鸟）（*Tinamou varié, de Cayenne*）

　　杂色穴（共鸟），体长29.5~33厘米。头部呈黑色；颈部和胸部呈亮红褐色；背部、翅膀和腹部两侧呈黑色，且满杂醒目的黄色波纹，喉咙和腹部呈白色；腿与脚呈黄色。像其他共鸟一样，取食掉在地上的水果或低洼灌木，也食少量的无脊椎动物、花蕾、嫩叶、种子和根。鸟巢常坐落在浓密的灌木丛中。雄鸟可孵化多达四只雌鸟产的卵，然后一直喂养它们直到它们可以独自生活，时间为2~3周。普遍分布在南美洲北部的亚热带和热带地区的潮湿森林低地。

martinet

卡宴小穴（共鸟） *（Le Soui ou petit Tinamou , de Cayenne）*

　　小穴（共鸟），体长 12~18 厘米。性格孤僻、害羞。体型小而矮胖。头部呈黑色，喉咙呈白色。体羽主要为棕色，上体呈乌棕色，腹部呈浅黄色。每年的 3 月，在美国墨西哥湾的各个州，成群的小穴就从棕榈树和酪梨树林中钻出来，向北迁徙。在北方产卵繁殖以后，到了冬天，又会浩浩荡荡地回到南方越冬。巢穴建立在林地上的凹陷处，卵光滑，呈暗紫色，雄鸟孵卵。分布在中美洲和南美洲。

Martinet.

小嘴鸻（*Le Guignard*）

　　小嘴鸻，属中小型涉禽。上体覆羽呈深灰色；颈、上胸呈暗灰色，与栗红色上腹之间有一显著的白色胸带分隔；下腹中央有一块黑色斑；腿呈暗黄色；繁殖期雌鸟比雄鸟羽色艳丽。栖息于海滨、岛屿、河滩、湖泊、池塘、沼泽、水田、盐湖等湿地之中。食物包括多种昆虫及其幼虫、小型软体动物和少量植物等。迁徙性鸟类，具有极强的飞行能力，通常沿海岸线、河道迁徙。

1. 卡宴须黄腰霸鹟，雄鸟 (*Le Barbichon de Cayenne*)

须黄腰霸鹟，蒂台霸鹟科、黄腰霸鹟属。雄鸟上身呈橄榄色，头顶和臀部呈黄色，有黑色胡须；下体呈灰橄榄色，腹部呈黄色，尾巴呈黑色且有点圆润。自然栖息地是亚热带或热带潮湿的低地森林和严重退化的原始森林。成群取食，主要以昆虫为食物。此鸟平时很沉默，有时也发出类似"psik"的叫声。栖息时，常把翅膀垂下。分布在巴西、哥伦比亚、厄瓜多尔、法属圭亚那、圭亚那、秘鲁、苏里南和委内瑞拉。

2. 卡宴须黄腰霸鹟，雌鸟 (*sa femelle*)

须黄腰霸鹟雌鸟与雄鸟相似，比雄鸟稍大些。头顶有一个较小的黄色斑块，有白色眉纹，翅膀有白色边缘且较长，胸部有灰橄榄色斑块。生活习性同雄鸟。

1.

2.

Martinet

1. 卡宴红胸姬鹟（*Gobe~mouche à poitrine Orangée de Cayenne*）

红胸姬鹟，鹟科、姬鹟属。体长仅约十一厘米。雄鸟上体呈棕色，下体呈白色，头呈灰色；繁殖季节，喉及胸部呈红色；非繁殖季节，变为白色。雌鸟喉为白色或污白色，羽沾黄褐色，其余同雄鸟。常栖息于靠近水源的落叶林中，巢建于树洞内。取食昆虫和浆果。繁殖于欧洲大陆，东至乌拉尔山、高加索山、伊朗北部及喜马拉雅山西部。在亚洲，越冬于印度北部。在迁徙和越冬期有可能出现于中国新疆西部、西藏西南部。

2. 卡宴灰纹鹟（*petit Gobe~mouche tacheté de Cayenne*）

灰纹鹟，鹟科、鸲鹟属，鸣禽。体型略小，长约十四厘米。上体为灰黑色，有黑色斑点；下体呈白色。眼圈呈白色，嘴呈黑色，脚呈黑色。叫声响亮悦耳。栖息于密林、开阔森林及林缘，甚至在城市公园的溪流附近。性惧生，不常见。繁殖于中国极东北部的落叶林，但迁徙经华东、华中及华南和台湾；冬季迁徙至婆罗洲、菲律宾、苏拉威西岛及新几内亚。

卡宴杂色麦鸡 （*Pluvier armé, de Cayenne*）

　　杂色麦鸡，鸻科，体型小而相当有吸引力。全身主要为黑、白、棕灰三色。翅膀呈棕灰色，冠呈沙褐色，头顶有白色圆环，除胸部黑色外，下体均为白色，尾巴为黑白两色。栖息于森林河流、草原池塘和海边。食昆虫和其他无脊椎动物。分布在阿根廷、玻利维亚、巴西、哥伦比亚、厄瓜多尔、法属圭亚那、圭亚那、巴拉圭、秘鲁、苏里南、特立尼达和委内瑞拉。

塞内加尔黑喉麦鸡 (*Pluvier, du Sénégal*)

　　黑喉麦鸡，小、中型涉禽，体长约二十四厘米。前额有黄色垂肉；鸟冠及喉呈黑色；嘴形细狭，尖端具隆起；鼻孔直裂，有鼻沟；趾不具瓣蹼；中爪不具栉缘。在高纬度繁殖的种为候鸟，其中有些种能迁徙到很远的地方。除繁殖季节，鸻类高度结群。以动物性食物为主，部分取食植物。日夜活动。在沼泽附近杂草丛生的地面凹陷处营巢。每窝产卵 4~5 枚。卵皮呈黄色或灰色，有黑斑点。雏鸟为早成性。雌、雄皆孵卵和照料幼鸟。

路易斯安那黄垂麦鸡 （*Vanneau armé, de la Louisiane*）

　　黄垂麦鸡，属中型涉禽。鼻孔呈线形，位于鼻沟里。鼻沟的长度超过嘴长的一半。翅形圆。有后趾，很小，或者萎缩、退化。翅形尖长，尾形短圆。鸟冠呈黑色，前额有黄色垂肉。是迁徙性鸟类，具有极强的飞行能力。栖息于水域附近的草地、耕地、荒漠及比较干燥的内陆湿地（如沙漠绿洲、盐湖、盐泽、碱滩、季节性河流、季节性湖泊、戈壁和沙漠中的泉水溢出带等）和附近的半干旱草原等。以昆虫、蝗虫、蚱蜢、螺蛳、虾为食。

卡宴凤头距翅麦鸡（*Vanneau armé, de Cayenne*）

  凤头距翅麦鸡，体长 32~38 厘米，体型中等。整体呈青棕色或淡紫色，枕冠是一小缕黑色的羽毛，背呈青灰色，前胸呈黑色，腹部呈纯白色，覆羽及尾羽基部呈白色，尾端呈黑色，颏、喉呈黑色，颊呈灰白色，喙尖呈黑色，腿呈红色。栖息地一般接近各种水域，如沼泽、湖畔，也出现在农田、旱草地和高原地区。食蝗虫、蛙类、蜗牛等小型无脊椎动物、植物种子等。常成群活动，善飞行。分布在北美洲和中美洲的部分地区，是乌拉圭的国鸟。

纯色鹦哥 （*Petite Perruche appellée, la petite jaseuse*）

　　纯色鹦哥，是既可爱又安静的小型鹦鹉，寿命可达二三十年。通体布满亮绿黄色羽毛；喙呈桔红色，有蜡质感；翅膀呈深绿色；眼睛为黑棕色。晚成雏，成鸟具黄绿色顶冠，脸颊、腹部和主飞羽为橄榄绿色。主要栖息地是干燥的森林、热带林区、灌木丛、农垦区。一般多成对或十几只一起活动与觅食，喜爱在树冠层间活跃地玩耍，动作敏捷，鸟群声音通常很明显而易被发觉。食物为花、种子、嫩芽、果实类、昆虫等，尤其是时令浆果，特别爱吃向日葵种子。

卡宴橙额鹦鹉 （*Perruche à front Jaune, de cayenne*）

　　橙额鹦鹉，为鹦形目、鹦鹉科的中型鹦鹉，体长约二十二点五厘米。鸟体主要为绿色，额为橙色，眼睛周围呈黄色，头顶和中间尾羽呈蓝色，腹部和尾羽内侧为黄绿色。主要栖息于各种高度的森林，尤其是幅员较为广泛的森林地区、岛上的灌木丛林地，偶尔也会前往果园和农耕区。以种子、水果和花为主要食物。除繁殖季节，常成群活动，数量可达上百只。通常筑巢于树洞中或有苔藓的地面上，用羽毛、杂草絮窝，每次产 5~9 枚卵。

卡宴黑嘴鹦哥（*Le Perroquet Criq, de Cayenne*）

　　黑嘴鹦哥，又称黑嘴亚马逊鹦鹉。仅分布在牙买加，因此又被称作牙买加鹦鹉，是体型最小的亚马逊鹦鹉之一。鸟体为绿色，脸颊上部呈蓝色，下部呈橙黄色，翅膀边缘为红色和蓝色，嘴呈黑色。主要栖息于高地中间的潮湿森林中。通常都是以 5~6 只或者三十只左右的小群体活动。个性非常谨慎内向，无法接近观察。食物为水果、浆果、坚果、花朵、植物嫩芽等。

卡宴喜庆鹦哥 (*Le Perroquet Tahua, de Cayenne*)

　　喜庆鹦哥，也称喜庆亚马逊鹦鹉，体长约三十四厘米。鸟体为绿色，前额和鸟喙之间有着深红色的羽毛；眼睛上方及下巴为蓝色；背部下方为鲜红色；主要覆羽及飞行羽为蓝紫色。栖息于森林、棕榈树林、开阔的平原以及林地、农耕区等。常成对或是小群体活动。通常难以接近观察，因为它们的羽色提供了良好的掩蔽。主要的食物为水果、浆果、种子、坚果、花朵及植物嫩芽等。分布在巴西、哥伦比亚、厄瓜多尔、圭亚那、秘鲁和委内瑞拉。

马达加斯加凤头林鹬 (*Courly huppé, de Madagascar*)

　　凤头林鹬，鹬科、凤头林鹬属。体长约五十厘米，体羽呈棕色，翅膀呈白色，头呈黑色。眼皮裸露，呈粉色，黑白浓密的鸟冠一直延伸到颈后部。嘴和腿呈黄色。该鸟为马达加斯加岛的特有鸟。涉行于湖泊、海湾和沼泽，用细长、下弯的嘴寻找小鱼和软体动物为食。飞行时颈和脚伸直，交替地拍动翅膀和滑翔。常聚成大群繁殖，在灌丛和树林下层以树枝建造结实的巢。每窝产卵 3~5 枚，卵为暗白色，或具褐斑。

martinet

中杓鹬（*Le Corlieu*）

中杓鹬，体长约四十三厘米。头顶暗褐色；上背、肩、背呈暗褐色；羽缘呈淡色，具细窄的黑色中央纹；下背和腰呈白色，微缀有黑色横斑。嘴长而下弯曲，脚呈蓝灰色或青灰色。常单独或成小群活动和觅食，但在迁徙时和在栖息地则集成大群。行走时步履轻盈，步伐大而缓慢。飞行时两翅扇动较快，飞行有力。常将朝下弯曲的嘴插入泥地探觅食物。主要以昆虫、昆虫幼虫、蟹、螺、甲壳类动物和软体动物等小型无脊椎动物为食。

白腰草鹬（*Le Beccasseau ou Cul~blanc*）

　　白腰草鹬，为小型涉禽，体长 20~24 厘米，是一种黑白两色的内陆水边鸟类。夏季上体呈黑褐色具白色斑点，腰和尾呈白色，尾具黑色横斑；下体呈白色，胸具黑褐色纵纹。冬季颜色较灰，胸部纵纹不明显，为淡褐色。主要栖息于山地或平原森林中的湖泊、河流、沼泽和水塘附近，海拔高度可达三千米左右。常单独或成对活动。以蠕虫、虾、蜘蛛、小蚌、田螺、昆虫、昆虫幼虫等小型无脊椎动物为食，偶尔也吃小鱼和稻谷。

流苏鹬 (*Le Chevalier*)

　　流苏鹬，两性异形。繁殖期雄鸟的头和颈部有丰富的饰羽；面部裸露，或布满细疣状物；尾侧有白色覆羽，且较长。雌鸟体型小，面部无裸区，头和颈无饰羽；上体呈黑褐色，羽缘呈黄色或白色；下体呈白色，颈和胸多黑褐色斑。流苏鹬是唯一易辨性别的鹬类（繁殖期）。栖息于冻原和平原草地上的湖泊与河流岸边，以及附近的沼泽和湿草地上。除繁殖期外常成群活动和栖息。主要捕食软体动物、昆虫、甲壳类动物等，也食水草、杂草籽、水稻和浆果，常边走边啄食。

红脚鹬（*La Gambette*）

　　红脚鹬，体长约二十八厘米。上体褐灰，下体为白色，背和两翅覆羽具黑色斑点和横斑。胸具褐色纵纹。尾上覆羽和尾也是白色的，但具窄的黑褐色横斑。脚较细长，为亮橙红色，繁殖期变为暗红色。栖息于沼泽、草地、河流、湖泊、水塘、沿海海滨、河口沙洲等水域或水域附近湿地上。性机警，飞翔力强，受惊后立刻冲起，从低至高成弧状飞行，边飞边叫。它们主要以各种小型陆栖和水生无脊椎动物为食。该物种分布广范，全世界均有分布。

martinet

美洲水雉（*Jacana du Brésil*）

　　美洲水雉，体长 17~23 厘米，是中小型涉禽。前额上具有一块黄红色的斑，羽毛呈绿色，翅膀呈红褐色，头顶及后颈呈黑色，下体为白色。雌鸟体型比雄鸟大。栖息在热带地区的水塘和湖泊中。能够在浮水植物叶片上自由行走，因此又得名"轻功鸟"。雌鸟在繁殖期具有较强的攻击性，抢夺地盘，是有名的产卵机器。雄鸟负责孵卵。分布在墨西哥、美国、巴拿马、古巴、牙买加和西印度群岛的岛屿。

卡宴小秧鸡 (*Petit Râle, de Cayenne*)

　　小秧鸡，又称小田鸡，鹤形目、秧鸡科。上体为红棕、黑、白三色混合；头顶和颈后为棕色；喉、颈前和胸部呈浅黄色；腹部呈白色，两侧有黑色横带；腿和脚呈黄色。栖息于沼泽型湖泊及多草的沼泽地带，快速而轻巧地穿行于芦苇中，极少飞行。常单独行动，性胆怯，受惊即迅速窜入植物丛中。杂食性，但食谱中大部分为水生昆虫及其幼虫。分布在北非和欧亚大陆，南迁至印度尼西亚、菲律宾、新几内亚及澳大利亚。

martinet

卡宴秧鹤（*Le Courlant, de Cayenne*）

　　秧鹤，秧鹤科、秧鹤属。秧鹤科仅秧鹤一种。体型似鹤，但嘴长而侧扁下弯，后趾较长。体长 64~73 厘米，颈部以上覆羽为褐色并掺杂白色，颈部以下为深褐色并具有橄榄色光泽。栖息于周边有高大的芦苇淡水沼泽和湿地，以及红树林。喜食螺类。在黄昏和夜晚活动。由于它们的脚趾很长，无论是成鸟还是幼鸟，都能站立于漂浮的水草之上。分布在佛罗里达半岛、墨西哥南部、中美洲和阿根廷北部等地。

卡宴长嘴秧鸡 （*Râle à long bec, de Cayenne*）

　　长嘴秧鸡，体形略似小鸡，但嘴、腿和趾均非常细长。体羽松软，前额羽毛较硬。上体为橄榄褐色并满布褐黑色纵纹，下体呈灰色，胸部呈淡黄色。嘴呈暗褐色，基部橙红，嘴长直而侧扁稍弯曲。栖息于沼泽地的水草丛中，奔走迅捷，偶作短距离飞行。飞行时头颈前伸，双腿下垂。主要取食植物嫩芽和种子，兼食昆虫和小型水生动物。此秧鸡喜夜行，习性隐蔽。在距水面不高的密草丛中用蒲草和芦苇叶筑巢。分布在北美地区和南美洲。

矶鹬（*La Petite Alouette de Mer*）

    矶鹬，是小型鹬类，体长 16~22 厘米。嘴、脚均较短，嘴呈暗褐色，脚呈淡黄褐色，具白色眉纹和黑色过眼纹。上体呈黑褐色，下体呈白色。栖息于低山丘陵和山脚平原一带的江河沿岸、湖泊、水库、水塘岸边，也出现于海岸、河口和附近沼泽湿地。常单独或成对活动，非繁殖期亦成小群。主要以鞘翅目、直翅目、夜蛾、蝼蛄、甲虫等昆虫为食，也吃螺、蠕虫等无脊椎动物和小鱼。繁殖于欧亚大陆，南至地中海、阿富汗和喜马拉雅山，东及日本，于欧洲南部越冬。

弯嘴滨鹬（*L'Alouette de Mer*）

　　弯嘴滨鹬，丘鹬科、滨鹬属。体型略小，腰部白色明显，嘴长而下弯。上体大部分呈灰色，布满黑色斑点；头顶和背部为棕色；下体呈白色。繁殖期主要栖息于西伯利亚北部海岸冻原地带，非繁殖期则主要栖息于海岸、湖泊、河流、海湾、河口和附近沼泽地带。常成群活动和觅食，也常与其他鹬混群。主要以甲壳类动物、软体动物、蠕虫和水生昆虫为食。觅食时常把喙插入沙土或泥中探觅食物，有时也进入更深的水中觅食。

黑腹滨鹬（*Le Cincle*）

　　黑腹滨鹬，小型涉水物种，是北半球最常见的鸻形目鸟类之一。夏季上体呈棕色，下体呈白色；颈与胸具黑褐色纵纹，腹部有大型黑斑。冬季上体呈灰色，下体呈白色；颈和胸侧有灰褐色纵纹。嘴呈黑色，较长而微向下弯。脚呈绿灰色。喜沿海及内陆泥滩，单独或成小群，常与其他涉禽混群。性活跃，善奔跑，飞行时发出粗而带鼻音的哨声"dwee"。进食忙碌，取蹲姿，主要以甲壳类动物、软体动物、蠕虫、昆虫、昆虫幼虫等各种小型无脊椎动物为食。

灰鸻，繁殖期（*Le Vanneau~Suisse*）

　　灰鸻，鸻科、斑鸻属。虹膜呈褐色，嘴呈黑色，跗跖和趾呈暗灰色。后趾极其弱小。繁殖期间（5~8 月），上体为灰白色，具黑褐色横斑；两颊、额、喉及整个下体为黑色。营巢地在苔原与森林的北限的低洼潮湿地区，有时也会在较干燥的地方筑巢。巢是在地面的凹陷处，用小石块垒成，内衬苔藓和地衣。双亲共同孵化和育雏。每巢产 4 枚卵，孵化为 26 或 27 天。常以软体动物为食。

灰鸻，非繁殖期 (*Le Vanneau gris*)

　　非繁殖期，灰鸻头顶、后颈、背、腰呈浅黑褐至黑褐色；尾上覆羽和尾羽为白色且具黑褐色较疏横斑；两翅覆羽呈黑褐色且具暗色纤细的羽干纹；颏、喉及下体呈白色，有浅褐色斑点。迁徙季节常栖息于海岸潮间带、河口、水田、沼泽、草地等。经常与其他斑鸻混群迁徙，飞行速度较快，飞行时脚不伸出尾外。食昆虫、小鱼、虾、蟹、牡蛎及其他软体动物。觅食时重复"快跑～停顿～搜索～吞食"的模式，如果遇到大的猎物可能会大步追赶并延长停顿的时间。

白颊黑雁（*La Bernache*）

　　白颊黑雁，鸭科、黑雁属。中等体型。羽色为漂亮的灰、白、黑色，背部色灰，面有白斑，脑袋后部、颈部和胸部呈黑色，脑袋其余部分为纯白色，嘴呈黑色并在眼睛前形成一块明显的小三角。典型的冷水性海洋鸟，耐严寒，喜栖于海湾、海港及河口等地。善于游泳和潜水，飞翔的速度也很快。主要以青草或水生植物的嫩芽、叶、茎等为食，也吃根和植物种子，冬季有时还吃麦苗等农作物的幼苗。迁徙时常集成大群，常常发出高叫声，极为嘈杂。

翻石鹬，繁殖期 (*Le Coulon~chaud*)

　　翻石鹬，鹬科、翻石鹬属。体型既矮又胖，看起来十分滑稽。繁殖季体色非常醒目，由栗色、白色和黑色交杂而成，再配上橙红色的双脚，很容易就能吸引人们的目光。结小群栖于沿海泥滩、沙滩及海岸石岩。有时在内陆或近海开阔处进食。通常不与其他种类混群。在海滩上翻动石头及其他物体找食甲壳类。奔走迅速。繁殖于全北界纬度较高地区。

martinet.

卡宴翻石鹬，非繁殖期 *(Coulon~chaud gris, de Cayenne)*

　　到了冬天，翻石鹬身上的栗红色就会消失，而换上单调且朴素的深褐色大衣。冬季南迁至南美洲、非洲及亚洲的热带地区至澳大利亚及新西兰。迁徙时甚常见，经中国东部，部分鸟留于台湾、福建及广东越冬。习性与繁殖期相似。

卡宴棕鹭 (*Heron brun, de Cayenne*)

　　卡宴棕鹭,体型比白鹭大。上体呈棕黑色,颈前呈白色有黑色纵纹,下体呈纯白色,嘴呈黑色,腿及脚呈黄色,颈和嘴细长。栖息于江河、溪流、湖泊、水塘、海岸等水域岸边及其浅水处,也见于沼泽、稻田、山地、森林和平原荒漠上的水边浅水处和沼泽地上。成对和成小群活动,迁徙期间和冬季集成大群,有时亦与白鹭混群。主要以小型鱼类、泥鳅、虾、喇蛄、蜻蜓幼虫、蜥蜴、蛙和昆虫等动物性食物为食。

martinet

卡宴栗腹鹭（*Le Heron Agami de Cayenne*）

　　栗腹鹭，体长 66~76 厘米，是一种中型涉禽。脚短，鸟喙尖且很长，头顶有淡蓝色羽毛，从两侧垂脖颈，颈部和下体呈板栗色，胸前有淡蓝色饰羽，翅膀绿色且大而长，腿呈暗黄色，脚和趾均细长。雌、雄同色。栖息于森林沼泽湿地和类似的林地。白昼或晨昏活动，移动十分缓慢。常站在水边或浅水中，用嘴飞快地攫食。以水种生物为食，包括鱼、虾、蛙及昆虫等，兼食蛇类、软体动物及小型啮齿类动物。繁殖期群居，雌、雄亲鸟共同孵卵。

martinet

卡宴栗虎鹭（*L'Onoré rayé, de Cayenne*）

　　栗虎鹭，中型涉禽，有很长的鸟喙，头部和颈部呈板栗色，胸部和颈部的前面布满白色条纹。翅大而长，腿部被羽，脚和趾均细长。雌、雄同色。栖息于海滨、湖泊、河流、沼泽、水稻田等水域附近，行动非常机警，见人即飞。白昼或晨昏活动，常站在水边或浅水中，用嘴飞快地攫食。以水种生物为食，主要以小鱼、虾、软体动物、水生昆虫为主，也食蛙、蝌蚪等。迁徙种类。多集群营巢，营巢于树上或芦苇丛中，用枝条筑造浅巢。雌、雄亲鸟共同孵卵。

martinet·

卡宴斑点鹦哥 （*Le Perroquet Meunier, de Cayenne*）

　　斑点鹦哥，羽色鲜艳，外表帅气。羽毛大部分是绿色。在翅膀的转折处有少许红色点缀。翅膀的飞羽和翼角都泛紫光蓝色。是典型的攀禽，对趾型足，两趾向前两趾向后，适合抓握。鸟喙强劲有力，可以食用硬壳果。栖息于森林、开阔的平原以及林地、农耕区等，通常成对或是小群体活动。野外饮食以植物类为主，包括水果（特别喜爱无花果）、浆果、花卉、树顶的嫩芽。分布在玻利维亚、巴西、哥伦比亚、墨西哥、巴拿马、秘鲁、委内瑞拉等国。

黑眼先鹦鹉（*Perroquet d'Amboine*）

　　黑眼先鹦鹉，鹦形目、鹦鹉科、巨嘴鹦鹉属。体长约四十厘米。鸟体主要颜色为绿色，眼睛呈黑色，头顶呈淡蓝色。雄鸟鸟喙呈红色，雌鸟鸟喙呈灰褐色。该鸟是布鲁岛的特有鸟，喜欢栖息于布鲁高海拔的森林中。分布密度约为1.3~19只鸟/平方公里。听到该鸟的叫声，通常是日落后1~7个小时内，当地人称其为"kakatua ol'biru"，意为蓝头鹦鹉。然而，白天在果树间，人们可以用弹弓逮到它们，这表明该鸟不只在夜间活动。

卡宴环颈啄木鸟 （*Pic à cravate noire, de Cayenne*）

　　环颈啄木鸟，啄木鸟科、冠啄木鸟属。体长 19~32 厘米。头部呈橙色，喉、颈、上肩及胸部为黑色，上背和翅膀呈棕色，腹部呈黄色，尾巴呈黑色，嘴呈浅黄色，脚呈灰色。栖息于亚热带或热带潮湿的低地森林和亚热带或热带沼泽。该鸟为留鸟，不迁徙。一般取食昆虫，也会吃种子和果实。一夫一妻制。分布在巴西北部、法属圭亚那、圭亚那、苏里南和委内瑞拉西部。被列入世界自然保护联盟 2009 年鸟类红色名录。

卡宴红腹金刚鹦鹉（*La Perruche~Ara, de Cayenne*）

　　红腹金刚鹦鹉，体长约四十六厘米。鸟体主要为绿色；下腹部为橄榄色，带有暗红棕色的羽毛；前额和鸟喙下方为蓝绿色。成鸟的鸟喙为黑色，脸部的裸皮为浅浅的黄色，带点白色。喜爱栖息于浓密潮湿的雨林及开阔的稀树草原与草地，大多栖息于海拔五百米以下的地区。生性胆小又神经质，它们进食、筑巢、休息和活动范围几乎都只绕着当地人称为"意大利棕榈"的棕榈树，其食物也都是这种棕榈树的果实，几乎不吃其他任何东西。

赤颈鹤（*La Grue à collier*）

　　赤颈鹤，大型涉禽，共分化为3个亚种。全身羽毛大致呈浅灰色，成鸟颈部裸露红色的皮肤，此红色在繁殖期间更明显。颈的基部有时有一个白色的颈环紧邻裸露的上颈部。后趾小而高位，不能与前三趾对握，因此不能栖息在树上。赤颈鹤为留鸟，性胆小而机警，常单独、成对和成家族群活动。栖息于开阔平原草地、沼泽、湖边浅滩，以及林缘灌丛沼泽地带。以稻谷及水生植物的根、块茎为食，也取食鱼类和蛙类。叫时颈伸直，嘴朝向天空。

白鹳（*La Cigogne blanche*）

白鹳，大型涉禽。羽毛以白色为主，翅膀具黑羽，成鸟具细长的红腿和细长的红喙。仅有 2 个亚种，大小略有不同。嘴长而粗壮，在高树或岩石上筑大型的巢，飞行时头颈伸直。白鹳在欧洲是非常有名的鸟，常常在屋顶或烟囱上筑巢。为食肉动物，食性广，包括昆虫、鱼类、两栖类、爬行类、小型哺乳动物和小鸟。觅食地大部分为具低矮植被的浅水区。一夫一妻制，但非终生。在欧洲，白鹳有"送子鸟"之称，被认为是吉祥鸟。

好望角秃鹮 （Courly à tête nue, du Cap de bonne~Espérance）

  秃鹮，鹮科、隐鹮属。鸟冠及嘴为红色，嘴长而且向下弯。面部呈白色，与头部一样没有羽毛，脚呈橙色。身体其他部位均为蓝色。秃鹮是群居性的，喜欢栖息在干旱的环境。会在岩石间及山崖边的地盘繁殖，每次会产 2~3 只蛋，孵化期为 21 日。它们主要吃昆虫及其他细小的动物。分布在非洲中南部地区，包括阿拉伯半岛的南部、撒哈拉沙漠（北回归线）以南的整个非洲大陆。被世界自然保护联盟列为易危动物。

卡宴林鹳 (*Le Curicaca, de Cayenne*)

　　林鹳，体长约一百零二厘米且与朱鹮相似的大型鹳。通体白色。头及颈部呈黑色，赤裸无羽；翅膀外缘呈黑色；橙黄色的嘴粗且长。常见于林木茂盛的沼泽地中，在树上栖息和筑巢。走路安详沉静，缓慢而从容地扇翅飞翔。在泥塘、沼泽、湿草地中捕食鱼、甲壳类动物、软体动物和昆虫，能以喙在泥浊的水中感觉水中动物而捕捉猎物。巢位于树冠顶部，是用树枝筑成的薄平台。地理分布区，从美国东南部、墨西哥，纵贯美洲中部和南部，直达阿根廷。

卡宴船嘴鹭（*Le Savakou huppé de Cayenne*）

　　船嘴鹭，鹭科，身长约五十四厘米，是中型涉禽。脸、喉咙和胸部呈白色，下体腹部两侧呈黑色，双翼呈棕色，腰部呈浅灰色。外形和夜鹭非常相似，但有宽大而似船型的巨嘴，鸟喙主要呈黑色。成鸟有一个黑色的冠，长冠羽披至背部。栖息于山间溪流、湖泊、滩涂及红树林中，以及溪边或浅水中。是夜行性鸟类。主要食物是鱼类、甲壳类、昆虫和小型两栖动物。在其领地红树林的树丛中营巢，每巢产卵 2~4 枚，卵呈蓝色且无斑点。雌、雄亲鸟共同孵卵。雏为晚成性。

马埃小绿拟䴕（*Barbu de Mahé*）

　　小绿拟䴕，拟䴕科、绿拟䴕属。体型小，体长 6~7 厘米。像其他绿拟䴕属的鸟类一样，羽毛为绿色，头部为褐色且有白色条纹，鸟喙呈淡粉色。该鸟以果实为食，吃各种榕属植物的果实，有时也吃有翅白蚁和其他昆虫。取食时具有攻击性，甚至追逐同属鸟类和其他食果鸟。繁殖期为 7~12 月，喜欢在城市地区的凤凰木和非洲郁金香树上筑巢，每年重复使用相同的巢树，但往往凿出一个新树孔。分布在印度南部。

martinet.

中国大拟䴕 (*Grand Barbu, de la Chine*)

　　大拟䴕,为䴕形目、拟䴕科、拟䴕属的一种拟啄木鸟。嘴大而粗厚,呈象牙色或淡黄色;头部呈暗蓝色;肩背呈暗绿褐色;其余上体呈草绿色;尾下覆羽呈红色。常栖于高树顶部,能站在树枝上像鹦鹉一样左右移动。常单独或成对活动,在食物丰富的地方有时也成小群。食物主要为马桑、五加科植物以及其他植物的花、果实和种子,此外也吃各种昆虫,特别是在繁殖期间。数量稀少,应注意保护。该物种的模式产地在中国。

Martinet

科罗曼德尔海岸斑翅凤头鹃（*Coucou huppé de la côte de Coromandel*）

　　斑翅凤头鹃，俗名斑凤头郭公、斑凤头鹃，杜鹃科、凤头鹃属。似红翅凤头鹃，但头黑，翼黑，初级飞羽基部具白色横带；尾黑，尾端的白色甚宽。主要为林栖型，在树林、竹林、灌丛中均可见到，尤其是旱地、较开阔地带的疏林中更常见。叫声为动人的"ple—ue, pee—pee—piu"声，响亮而带金属音；告警时发出粗哑的"chu—chu—chu—chu"声。迁徙性特强。以小群活动。分布在非洲、土耳其、巴勒斯坦、阿富汗、印度、斯里兰卡、缅甸及中国大陆的西藏等地。

印度冠斑犀鸟 (*Calao, des Philippines*)

　　印度冠斑犀鸟，大型鸟类，体长74~78厘米。嘴为黄色且粗壮，上面有颜色为蜡黄色或象牙白色的盔突，盔突前面有显著的黑色斑，喉咙两侧有白色补丁。鸟体主要为黑色，腹部为白色，尾巴两侧为白色。留鸟，主要栖息于海拔1500米以下的低山和山脚常绿阔叶林中。除繁殖期外常成群活动。多在树上栖息和活动，有时也到地面上觅食。主要以榕树等植物的果实和种子为食。飞翔时头部和颈部向前伸直，两翅平展，很像一架飞机，所以俗称"飞机鸟"。

黑尾塍鹬（*La Barge*）

　　黑尾塍鹬，体形中等大小。夏羽头与颈部呈红棕色；嘴细长，几近直形，尖端微向上弯曲，基部在繁殖期呈橙黄色，非繁殖期呈粉红肉色，尖端呈黑色；其余下体呈白色。冬羽和夏羽基本相似，但上体呈灰褐色，眉纹呈白色，前颈和胸呈灰色。常栖息于湿地与沼泽地带，单独或成小群活动，冬季有时偶尔也集成大群。主要以水生和陆生昆虫、昆虫幼虫、甲壳类和软体动物为食。边走边觅食，不断将长长的嘴插入泥中探觅食物。

鹤鹬（*La Barge brune*）

　　鹤鹬，体长约三十厘米。嘴细长而尖直，为黑色，下嘴基部在繁殖期呈深红色，非繁殖期呈亮橙红色。夏季繁殖羽呈黑色且具白色点斑，脚呈青灰色。冬季似红脚鹬，上体呈灰色，下体呈白色，脚呈亮橙红色。喜鱼塘、沿海滩涂及沼泽地带。主要以甲壳类动物、软体、蠕形动物及水生昆虫为食物。飞行或歇息时发出独特的、具爆破音的尖哨音"chee—wik"；告警时发出较短的"chip"声。中国仅繁殖于新疆，国外繁殖于欧洲北部冻原带，从挪威横跨西伯利亚北部，往东一直到楚科奇半岛。

青脚鹬（*La Barge grise*）

　　青脚鹬，鸻形目、鹬科。体长 30~35 厘米。上体呈灰黑色，有黑色轴斑和白色羽缘。下体呈白色，前颈和胸部有黑色纵斑。嘴黑微上翘，腿长近绿色。栖息于苔原森林和亚高山杨桦矮曲林地带的湖泊、河流、水塘和沼泽地带，以虾、蟹、小鱼、螺、水生昆虫和昆虫幼虫为食。常单独或成对在水边浅水处涉水觅食，有时也进到齐腹深的深水中。能通过突然急速奔跑冲向鱼群，捕鱼方式巧妙，也善于成群围捕鱼群。

果夫岛黑水鸡（*La Poule d'eau*）

　　果夫岛黑水鸡，比普通的黑水鸡略小，更低矮结实，翅膀更短。自头顶、脖子向下是煤灰黑色。喙的尖端呈黄色，而向上到额至眼睛之间全部为红色。腿稍带绿色，主要是红柑橘色。善于快速步行，偶尔也会进行短距离的飞行。常栖息于沼泽，在距水面不高的密草丛中筑巢，也常在田里的秧丛中和谷茬上活动。性胆小，夜行性。杂食性，主要以植物嫩芽、种子、昆虫、蚯蚓以及小型水生动物为食。仅分布在大西洋中的小岛——果夫岛（Gough Island）。

黑翅长脚鹬 (*L'Echasse*)

　　黑翅长脚鹬，是一种修长的黑白色涉禽。体长约三十七厘米。嘴细长，呈黑色；两翼黑；长长的腿呈红色；体羽白；颈背具黑色斑块。常单独、成对或成小群在浅水中或沼泽地上活动。主要以软体动物、虾、甲壳类动物、环节动物、昆虫、昆虫幼虫，以及小鱼和蝌蚪等动物性食物为食。性胆小而机警，当有干扰者接近时，常不断点头示威，然后飞走。起飞容易，飞行也较快。繁殖于欧洲东南部、塔吉克斯坦和中亚国家，于非洲和东南亚，偶尔到日本越冬。

martinet.

绿啄木鸟（*Le Pic vert mâle*）

绿啄木鸟，是所有啄木鸟中最常见、最普通的一种。雄鸟额和头顶前部呈辉红色，鲜丽异常；雌鸟头上无红色。嘴呈黑色，尖直；翼呈绿色，外缘有黑白斑点。下体自胸部起均为污灰色而染有绿色。栖息于山林间，以针叶林、桦树林区和河谷林间多见。营巢于树洞里。春、夏以小昆虫为食，秋、冬兼食植物性食物。大多数时候，它们都是扒在树上攀登着，找到一棵就拼命啄；它们工作非常积极，常常把枯树的皮都啄得净光。

马拉巴尔海岸黄垂麦鸡 (*Pluvier, de la côte Malabar*)

  黄垂麦鸡，属小、中型涉禽，体长约二十四厘米。鼻孔为线形，位于鼻沟里。鼻沟的长度超过嘴长的一半。翅形圆。有后趾，很小，或萎缩、退化。栖息于河川、稻田、草原和山地。平时成群活动，只在繁殖季节成对。以蠕虫和昆虫为食，也吃禾本科、莎草科、蓼科等植物的种子和嫩芽。全世界都有分布。迁徙性鸟类，具有极强的飞行能力。在高纬度繁殖的种为候鸟，其中有些种能迁徙到很远的地方。

中国大沙锥 （*Beccasine, de la Chine*）

    大沙锥，鹬科、沙锥属。上体呈黑褐色，杂以棕黄色纵纹和红棕色横斑与斑纹。下体近白色，喉和上胸缀灰棕色和黑褐色斑，腹部呈白色。嘴较长，褐色，或基部为灰绿色，尖端为暗褐色。栖息于沼泽湿地、河湖岸边和水田等地。常单独或成松散的小群迁徙。以蠕虫、昆虫、软体动物和甲壳类为食。在中国主要为旅鸟，部分为冬候鸟。春季于3~5月、秋季于8~10月迁经中国，部分留在中国越冬。被列入中国国家重要动物物种保护名录。

领燕鸻 (*La Perdrix de Mer*)

　　领燕鸻，中等体型，长约二十五厘米，形似燕鸥。嘴短，呈黑色，嘴基为红色；叉尾呈白色具黑色端带；上体呈橄榄褐色；颏及喉皮呈黄色，缘以黑色领圈。繁殖季节翼下色深，腋羽及翼下覆羽呈深栗色。主要栖息在开阔平原、草地、淡水或咸水沼泽、湖泊、河流和湿地。常成群活动，善于在地上奔跑和行走，亦善飞行。在早上和傍晚时活动最频繁，通常在一天内最温暖的时候休息。主要以各种昆虫和昆虫幼虫为食，觅食多在地上，也在空中飞行捕食。

扇尾沙锥（*La Beccasine*）

　　扇尾沙锥，在台湾被称为田鹬。背部及肩羽呈褐色，有黑褐色斑纹，羽缘呈乳黄色；头顶冠纹和眉线呈乳黄色或黄白色；前胸呈黄褐色，具黑褐色纵斑；腹部呈灰白色，具黑褐色横斑；嘴长而直，端部呈黑褐色，基部呈黄褐色。喜欢富有植物和灌丛的开阔沼泽和湿地，也出现于林间沼泽。多在晚上、黎明与黄昏活动，白天多隐藏在植物丛中。主要以昆虫、昆虫幼虫、蠕虫、蜘蛛、蚯蚓和软体动物为食。觅食时常将嘴垂直地插入泥中，有节律地探觅食物。

martinet

姬鹬 （*La petite Beccasine*）

　　姬鹬，是一种涉禽。头顶有黑色纵纹；脸、颈和前胸呈黄白色，有灰色斑点；上体呈黑褐色，布满斑点，具绿色及紫色光泽；其余下体呈白色；嘴呈暗粉红褐色或灰黄色，尖端为黑色。在繁殖期间主要栖息于森林和森林地带的沼泽、湖泊与河流岸边，迁徙期间和冬季多栖息于水边沙滩、沼泽、水中小岛和农田地带。常单独在夜间和黄昏活动，白天多匿藏在草丛或灌木丛中不出，一般很难见到。主要以蠕虫、昆虫、昆虫幼虫和软体动物为食。

Martinet.

丘鹬 (*La Beccasse*)

  丘鹬, 是一种涉禽。体型肥胖, 腿短, 嘴长且直。上体呈锈红色, 杂有黑色、黑褐色及灰褐色横斑和斑纹; 上背和肩具大型黑色斑块; 下体呈白色, 满布黑色横纹。常栖息于阴暗潮湿、林下植物发达、落叶层较厚的阔叶林和混交林中。多在夜间活动, 白天隐伏不出。性孤独, 常单独生活, 不喜集群。也少鸣叫, 仅起飞时鸣叫。主要以鞘翅目、双翅目、昆虫幼虫、蚯蚓、蜗牛等小型无脊椎动物为食, 有时也食植物根、浆果和种子。

大白鹭（*Le Heron blanc*）

　　大白鹭，是体型较大的白鹭。颈部具"S"形结，嘴裂过眼，嘴为黑色或黄色（由非繁殖期的黄色逐渐过渡到繁殖期的黑色），脚为黑色。繁殖季节有花哨的繁殖羽，脸颊裸露皮肤会呈蓝绿色。栖息于海滨、水田、湖泊、红树林及其他湿地。大白鹭只在白天活动，步行时颈劲收缩成"S"形；飞时颈亦如此。行动极为谨慎小心，遇人立即飞走。以甲壳类动物、软体动物、水生昆虫、小鱼、蛙、蝌蚪和蜥蜴等动物性食物为食。分布在全球温带地区。

长尾鹦鹉 （Perruche, de Malac）

　　长尾鹦鹉，雄鸟喉咙、胸部和腹部为黄绿色，头顶、翅膀为深绿色，头部两侧和颈部为玫瑰红色，中间尾羽为蓝色且长，上鸟喙为红色，下鸟喙为黑棕色。雌鸟颈部为绿色，脸颊上方为深桔红色，尾羽较短，上下鸟喙均为黑棕色。主要栖息于森林地区、红树林区、沼泽区、雨林边缘、次要林区、部分被开垦的地区、棕榈园区。以水果、种子、花朵、植物嫩芽等为食。平时不停地移动觅食，会先快速地爬到树枝上，然后再飞往隔壁的树上，叫声相当嘈杂。

马埃花头鹦鹉 (*Perruche, de Mahé*)

　　花头鹦鹉，是典型的攀禽。雄鸟头部呈粉红色，有一条蓝绿色的环状羽毛环绕整个颈部；体羽主要为黄绿色，上体颜色较深；翅呈绿色，翅膀外侧的覆羽上有一块红棕色的羽毛；中间尾羽为蓝色且长。雌鸟头部呈灰蓝色。主要栖息于约一千五百米的森林地带、次要林区和部分被开垦过的地区，平时习惯成对，或是组成至多十五只的小群体四处游牧。以坚果、浆果、嫩枝芽、谷物、种子等为食。在树洞内筑巢。

美洲鹤（*La Grue, d'Amérique*）

　　美洲鹤成鸟站立时高达一百六十厘米，翼展 200~230 厘米。面颊和头顶裸露，飞羽和头部是黑色的，其余部分的羽毛都为纯白色。喙为淡黄色，腿和脚为黑色。主要在湿地，特别是天然湿地的附近栖息。喜欢悠然自得地在辽阔的天空上盘旋。由于气管特别发达，长度达五英尺左右，比它的身体还要长，所以鸣声十分嘹亮。食物主要是甲壳类动物、蛙类等小型水生动物，但很少吃鱼。求偶行为十分奇特，包括一连串的鸣叫、鼓翼、点头，以及一些惊人的弹跳动作。

塞内加尔黑嘴弯嘴犀鸟 （*Calao à bec noir, du Sénégal*）

　　黑嘴弯嘴犀鸟，隶属于脊索动物门中鸟纲的犀鸟科。鸟喙为黑色，背部和翅膀为黑白相间，腹部为白色。多栖息于森林中，以果实与昆虫为主要食物。喙下弯而坚实有力，可以用喙翻土寻找草籽为食。常在树洞中筑巢，雄鸟用泥把雌鸟封闭在树洞中，仅留一小孔用以喂食。分布在非洲中南部地区，包括阿拉伯半岛的南部、撒哈拉沙漠（北回归线）以南的整个非洲大陆和东南亚，约有四十五种。

马尼拉吕宋犀鸟 （*Calao de Manille*）

　　吕宋犀鸟，犀鸟科、菲律宾犀鸟属，有 2 个亚种。两性异形，雄鸟全身有白色、浅黄色和黑色三种颜色，雌鸟通体主要为黑色。主要取食水果，也食昆虫、甲虫和蚂蚁。分布在太平洋诸岛屿（包括中国的台湾地区、东沙群岛、西沙群岛、中沙群岛、南沙群岛，以及菲律宾、文莱、马来西亚、新加坡、印度尼西亚的苏门答腊、爪哇岛和巴布亚新几内亚）。曾经遭到捕杀，现在被认为是安全的，因为已颁布实施新的狩猎禁令。

印度走鸻 (*Courvite, de la côte de Coromandel*)

　　印度走鸻，燕鸻科、走鸻属。头顶呈栗色，胸部呈红褐色，腹部呈黑色，上体呈青灰色，翅膀外缘呈黑色，尾巴呈青灰色，嘴呈黑色且向下弯曲。两性体征相似。主要分布在南亚大陆，尤其是恒河和印度河附近的平原上。它们经常被发现在比它们还矮的草丛中，因为高的草会阻挡它们的视线。通常以小群出现。以昆虫为食，主要食白蚁、甲虫、蟋蟀和蚱蜢。飞行能力强，两翼拍打迅速，低空飞行。繁殖期为 3~8 月，通常建巢于光秃秃的石头地上。

卡宴日䴙（*Le Grebifoulque, de Cayenne*）

　　日䴙，是一种热带鸟。体长 28~31 厘米，体重约一百三十克。有着宽阔的黄色脚叶，并伴有黑色横纹；身体主要为黑、白两色，上体为黑色，下体为白色。两性外观区别较小，但是能够从脸颊的颜色区分，雄鸟脸颊为白色，雌鸟脸颊为浅黄色。该鸟有一个独特的技能，就是雄鸟能够将雏鸟装进翅膀下面的皮肤袋内随身携带，甚至在飞行时也能携带。生性孤僻、害羞，很少能在野外看到它们。在水中或水域附近的植被中取食，吃蜗牛、小螃蟹、小青蛙等。

马拉巴尔海岸白胸翡翠 （*Martin pêcheur, de la côte Malabar*）

　　白胸翡翠，翠鸟科、翡翠属。成鸟的头、后颈、上背、腹部为棕赤色；下背、腰、尾上覆羽、尾羽为亮蓝色。翼也呈亮蓝色；额、喉、前胸和胸部中央呈白色；嘴、脚呈珊瑚红或赤红色。通常是沿河流和稻田中的沟渠、稀疏丛林、城市花园、鱼塘和海滩狩猎。在平原和海拔 1500 米的高度均有分布。常伫立或栖息在栅栏、电线杆或树枝上等待猎物。一般单独或成对共同捕食。同大多数翠鸟一样，它们完全是肉食性鸟类，主要食物是无脊椎动物，如蟋蟀、蜘蛛、蝎子和蜗牛。

卡宴斑腹沙锥 （*Becasse, des Savanes de Cayenne*）

斑腹沙锥，鹬科、沙锥属。体长 26~30 厘米。鸟体颜色为黑、白、黄三色混杂。鸟喙长且直，尖端呈黑色。尾短。成鸟稍微大些，比普通的沙锥笨重。繁殖期栖息于欧洲东北部，包括俄罗斯西北部在内的短植被沼泽地和湿地。主要取食昆虫。善于伪装，很难被发现。是一种迁徙鸟，在非洲越冬。该鸟曾经在两天内不休息地完成从瑞典到撒哈拉以南的非洲洲际飞行，刷新了动物世界中无停留长途飞行的最快纪录。

中国白胸苦恶鸟 （*Poule~Sultane, de la Chine*）

　　白胸苦恶鸟，是中型涉禽。上体呈暗石板灰色，两颊、喉以至胸、腹均为白色，与上体形成黑白分明的对照。下腹和尾下覆羽呈栗红色。嘴呈黄绿色，上嘴基部呈橙红色。腿、脚呈黄褐色。成鸟两性体征相似，雌鸟稍小。常栖息于长有芦苇或杂草的沼泽地和湿地中。善奔走，在芦苇或水草丛中潜行，亦稍能游泳，偶作短距离飞翔。以昆虫、小型水生动物、植物种子为食。在繁殖期间，雄鸟晨昏激烈鸣叫，音似"kue, kue, kue"，故称"姑恶鸟"或"苦恶鸟"。

卡宴淡青水鸡（*La favorite, de Cayenne*）

　　淡青水鸡，秧鸡科、紫水鸡属。黄色喙粗壮、短而侧扁；额头有黄甲；上体呈蓝绿色；尾羽呈棕色；下体呈白色；腿和脚呈黄色。生活在水边水草繁茂的地方，有时也会游到水面较宽阔的地方去寻找食物。其食物以植物为主，也食一些螺类和水栖昆虫。一般是独栖的，每到繁殖季节，雌、雄才会成双成对共同建立自己的领域，由雄鸟造巢。雌鸟在巢造好后便可产下 5~10 枚卵，双方轮流孵化 3 周后，雏鸡就会出壳。分布在南美洲。

菲律宾绿鹭 (*Crabier, des Philippines*)

　　绿鹭，鹭科、绿鹭属。体型小，体长约四十八厘米。深灰色鹭，头顶黑，枕冠亦呈黑色；上体呈灰绿色；下体两侧为银灰色。常见于山间溪流、湖泊，栖息于灌木草丛中、滩涂及红树林中。单独活动，它们通常会静立于水中，伏击猎物，以小鱼、青蛙和水生昆虫为食。除繁殖期外，此鸟多单独生活。6月份在中国东北及山东一带繁殖。结小群营巢。分布在非洲、马达加斯加、印度、中国、东北亚及东南亚、马来诸岛、菲律宾、新几内亚和澳大利亚。

卡宴黄冠夜鹭（*Biboreau, de Cayenne*）

　　黄冠夜鹭，是中型涉禽，体长约七十厘米，顶冠呈白色，繁殖季节呈黄色；枕部有两至三道带状白色饰羽；体羽主体为灰色，具有金属光泽，背部和翅膀的羽毛黑暗；脚和趾呈黄色。栖息于溪流、水塘、水田、沼泽等地。喜集群活动，通常白天在树上休息，夜间活动、觅食。平时常常缩颈或单腿站立，当受到惊吓时，则发出粗犷的叫声。主要以鱼、蛙、昆虫等为食。分布在北美洲和中美洲。

斑尾塍鹬 (*Barge rousse*)

　　斑尾塍鹬，别名斑尾鹬。体长约三十三厘米。头、颈、下体为深棕栗色；头顶有黑褐色条纹；上背、腰部呈黑褐色，翼上覆羽呈暗褐灰色。冬季头顶和上体呈灰褐色；颈、胸呈灰色，多黑色细纵纹。多栖息于沼泽湿地、稻田与海滩。在沙滩上行走觅食；主要以甲壳类动物、蠕虫、昆虫、植物种子为食。斑尾塍鹬保持着鸟类不间断飞行距离的世界纪录，能够在中途不降落进食的情况下一路飞往阿拉斯加，行程最多能达到惊人的 11677 公里。

白鹭（l'Aigrette）

　　白鹭，别名小白鹭、白鹭鸶、白翎鸶。体羽全白，颈部饰羽较细长，腿和脚为黑色。常去一些潮湿的环境，如稻田、河岸、泥滩、沼泽、湖泊等地，捕食浅水中的小鱼、两栖类、哺乳动物和甲壳动物。繁殖期为每年的 5~7 月，在靠近海岸的岛屿和海岸悬岩处筑巢。分布于非洲、欧洲、亚洲及大洋洲。

路易斯安那棕颈鹭 （l'Aigrette rousse, de la Louisiane）

　　棕颈鹭，鹭科、白鹭属。体长 68~82 厘米，翼展 116~124 厘米，是一种中型涉禽，典型特点是脖子上的棕毛。腿长，嘴巴呈黄色，嘴尖为黑色。两性体征相似。它们十分活跃，经常在浅水中积极地猎取鱼、虾、蛙及昆虫等食物。繁殖栖息在热带沼泽，在沿海岛屿的树上用枝条筑巢，以沙哑的嗓音求爱。分布于美国南部到墨西哥、洪都拉斯、巴拿马、委内瑞拉和哥伦比亚。

martinet

海雀（*Le Guillemot*）

　　海雀，为鸥形目、海雀科鸟类的通称。身体呈黑、白两色，雌、雄羽色相似。中等体型，两翼紧贴于躯干部，足接近尾部，上岸时直立式行走时似企鹅。繁殖期到岸边的岛屿或陆地上来，于岛屿的峭壁上筑巢，并将蛋产在狭窄的石缝中，蛋呈梨形，不易滚动。善于游泳和潜水，一般能潜入水中 10 米以下。以鱼类、甲壳类动物和其他海生无脊椎动物为食。

金鸻 (*Le pluvier doré*)

金鸻,别名金斑鸻、太平洋金斑鸻、金背子,体长约二十四厘米,属中型涉禽。夏季全身羽毛呈黑色,背部有金黄色斑纹,翅膀尖长。秋天沿海岸线、河道迁徙到很远的地方去越冬,具有极强的飞行能力。生活环境多与湿地有关,如岛屿、湖泊、河滩、池塘、水田、沼泽、盐湖等。繁殖期通常在每年的 5~6 月,雄性筑巢,雌、雄亲鸟共同孵卵。

martinet.

小䴙䴘 (*Le Castagneux*)

　　小䴙䴘，别名水葫芦、油葫芦、王八鸭子，体长 25~30 厘米，重 120~300 克，翼展约十厘米，是䴙䴘科最小的鸟。上体呈黑褐色，下胸和腹部呈白色，腿比较靠后，走路笨拙。性怯懦，常在白天活动，夜晚栖息于隐蔽的水塘、湖泊和沼泽中。以小鱼、虾、昆虫等为食。分布于中国大部、亚洲中部和南部、欧洲中部和南部、非洲南部、菲律宾、印度尼西亚和澳大利亚。

科罗曼德白颈鹳 *(Heron, de la côte de Coromandel)*

　　白颈鹳，别名绒颈鹳、主教鹳。体高约八十五厘米。头顶呈黑色，颈部呈白色，胸腹部有紫色羽团，腿较长。善于在高空长距离飞行，飞行时脖颈伸直。喜栖息在富有植被的湿地，一边缓慢地在草地上行走一边觅食，以青蛙、蜥蜴和大型昆虫为食。繁殖期用树枝在树上筑巢，每窝产卵 2~5 枚，雌、雄亲鸟共同参与孵化。分布于非洲和从印度到印度尼西亚之间的亚洲地区。

martinet.

卡宴蓝嘴黑顶鹭 (*Heron blanc, hupé de Cayenne*)

蓝嘴黑顶鹭，别名蓝嘴黑帽鹭、蓝嘴黑冠鹭。体长 56~61 厘米。喙呈蓝色；头顶呈黑色，有飘逸的白色翎羽；颈部为奶油色；背部和腹部为白色。主要在沼泽，湿地、池塘、溪流和灌丛附近栖息。晨昏和夜间活动。以蛙类、小鱼、虾等水生动物为食，偶尔吃一些植物性食物。繁殖期营巢于树上，每巢产卵 2 枚。分布在哥伦比亚、秘鲁、委内瑞拉、苏里南、厄瓜多尔、玻利维亚、圭亚那、巴西、智利、巴拉圭、阿根廷、乌拉圭及福克兰群岛。

卡宴美洲绿鹭，雄性成鸟（*Crabier de Cayenne*）

    美洲绿鹭，体长约四十八厘米，翼展 62~70 厘米。头部枕冠呈墨绿色，下颌到胸部有白色纵纹，上体呈蓝绿色，腹部呈青灰色。喜欢栖息在植被茂密的河流地带，如河岸的树林、山区沟谷或灌木丛中。它们在清晨或者黄昏利用面包屑、浆果等作为诱饵捕食鱼类，这种能力在鸟类中十分少见。分布在北美地区，包括美国、加拿大、格陵兰、百慕大群岛和密克隆群岛，以及中美洲包括巴拿马、危地马拉、洪都拉斯、伯里兹、萨尔瓦多、哥斯达黎加、巴哈马、古巴、海地和牙买加等国家。

三色鹭（*Crabier, de la Louisiane*）

　　三色鹭，是一种中型涉禽。头、颈、背部和上体呈蓝灰色，自喉颏处沿脖子有一条粗白线达前胸，腹部呈白色；喙呈灰色，长腿呈淡黄色。在繁殖期，头部和颈部羽毛呈蓝色丝状披到身后面。栖息于浅水湖、潮间带、泥滩、河口、红树林和淡水沼泽。白昼或晨昏活动。以水中生物为食，包括鱼、虾、甲壳类动物、蛙、爬行动物和昆虫。属迁徙种类，繁殖期多为群居，在树上、灌丛上或地面上用枝条筑造浅巢。主要分布在美洲地区。

martinet

科罗曼德白翅黄池鹭 (*Crabier, de la côte de Coromandel*)

　　白翅黄池鹭，别名黄池鹭。体长 44~47 厘米，翼展 80~92 厘米。成鸟的颜色一般为浅棕色和白色。经常在植被茂盛的森林、沼泽地、池塘、稻田和湖泊附近活动。以水生昆虫、青蛙和小鱼为食。繁殖期营巢于灌木丛或芦苇丛中，每窝产卵 4~6 枚，由雌、雄亲鸟共同孵化。分布在亚欧大陆、非洲北部及印度洋的部分岛屿。

爪哇池鹭（*Crabier de Malac*）

爪哇池鹭，体长约四十五厘米。头颈部为棕色，背部呈黑色，双翼呈白色，整体呈纺锤形，是一种中型涉禽。在湖泊、稻田和咸水湿地附近活动，在浅水处觅食，主要吃水生昆虫、鱼和螃蟹。繁殖期以树枝筑巢于灌木丛中，每巢产卵 3~6 枚，由雌、雄亲鸟共同孵化。分布在中南半岛、马六甲海峡和太平洋诸岛。

马提尼克美洲绿鹭，幼鸟 （*Crabier tacheté, de la Martinique*）

　　美洲绿鹭的幼鸟头部枕冠呈墨绿色，上体颜色较暗，腹部呈黄白色。喜欢栖息在植被茂密的河流地带，如河岸的树林、山区沟谷或灌木丛中。它们在清晨或者黄昏利用面包屑、浆果等作为诱饵捕食鱼类，这种能力在鸟类中十分少见。分布在北美地区，包括美国、加拿大、格陵兰、百慕大群岛和密克隆群岛，以及中美洲，包括巴拿马、危地马拉、洪都拉斯、伯里兹、萨尔瓦多、哥斯达黎加、巴哈马、古巴、海地和牙买加等国家。

martinet

疣鼻天鹅（*Le Cigne*）

　　疣鼻天鹅，别名瘤鼻天鹅、哑音天鹅、赤嘴天鹅、瘤鹄、亮天鹅、丹鹄。体长125~150厘米，嘴为红色，前额有一块瘤疣的突起，颈修长，全身羽毛为白色。白天觅食，主要吃水生植物的叶、根、茎、芽和果实，晚上栖息于开阔湖泊、河湾、水塘和沼泽等地。繁殖期为3~5月，在水塘的芦苇中用蒲草茎和叶筑巢，雌鸟孵卵，雄鸟警戒。分布在欧洲、北非、亚洲中部与南部。

黑喉潜鸟，冬羽（*Le Grand Plongeon*）

　　黑喉潜鸟，别名黑喉水鸟。体长 63~75 厘米，翼宽 100~120 厘米。冬羽头顶至后颈呈黑色，背部呈黑褐色。黑喉潜鸟喜欢活动在植被茂盛的湖泊、河流及较大的水塘中。它们通过潜水觅食，主要吃鱼类、水生昆虫、甲壳类动物和无脊椎动物。繁殖期以枯草营巢于近水的草丛中，每窝产卵 1~3 枚，由雌、雄亲鸟共同孵化。在欧亚大陆北部、亚北极和北极地带繁殖，越冬时南迁。

美洲白鹮 (*Courly Blanc, d'Amérique*)

　　美洲白鹮，体长约六十四厘米，翼展约九十七厘米。喙呈红色，较长且向下弯曲；体羽呈白色，腿呈橘红色。常活动于湿地环境中，如浅水沼泽、河滩、池塘、山溪和水田附近，白天花大量时间用长长的嘴梳理羽毛。结群在浅水处觅食，主要吃鱼、虾、软体动物、青蛙等。繁殖期以草叶、苔藓等物筑巢于灌木丛中，雌、雄亲鸟共同参与孵化。分布在美国的东南部到南美洲的北部沿海附近。

Martinet.

斑尾塍鹬（*La Grande Barge rousse*）

斑尾塍鹬，别名斑尾鹬。体长约三十三厘米。嘴长而上翘，背部呈黑褐色，颈及下体呈棕栗色。多栖息在潮湿环境中，如稻田、河口、盐田、沼泽和海滩。退潮时成小群觅食，主要吃甲壳类动物、昆虫和植物种子。繁殖于北欧及亚洲，以地衣、树叶和草营巢于草丛中。雌鸟孵化幼雏，雄鸟负责保卫。具有极强的飞行能力，冬季南迁远至澳大利亚和新西兰，迁徙期间可以不吃不喝不间断地进行长距离飞行。

短翅小海雀，雌性 (*Le petit Guillemot femelle*)

　　短翅小海雀，体长 19~21 厘米，翼展 34~38 厘米。头、颈、背部呈黑色，前颈部夏羽呈白色，胸腹部呈白色，尾巴短小。它们通过潜水的方式，捕食鱼类、无脊椎动物和甲壳类动物等。繁殖期营巢于岩石缝中或泥地中，每窝产一卵。北极鸥和北极狐是它们的主要天敌。分布在北冰洋岛屿和沿岸、格陵兰岛、俄罗斯和新地岛等地。

塞内加尔燕千鸟（*Le pluvian, du Senégal*）

    燕千鸟，别名牙签鸟、鳄鸟，是一种体型非常小的鸟，长着黑、白、灰、浅黄 4 种颜色的羽毛，有着细长的嘴巴。塞内加尔燕千鸟专门给鳄鱼清理嘴巴，它们常在鳄鱼的牙齿中间走来走去，寻觅水蛭、苍蝇和食物残屑。它们还在鳄鱼栖居地垒窝筑巢，只要周围稍有动静，燕千鸟就会警觉地一哄而散。主要分布在非洲地区。

石鸻（*Le Grand pluvian*）

　　石鸻，别名厚膝鸻。体长 38~46 厘米，翼展 76~88 厘米。喙呈黄、黑两色，眼睛呈黄色。石鸻白天栖息于干燥的开放地面，黄昏和夜晚很活跃。以昆虫和其他小的无脊椎动物为食，偶尔会吃小爬虫、青蛙和老鼠。繁殖期筑巢于草较多的树下，每次产卵 2~3 枚，雌、雄亲鸟共同参与孵化。分布在整个欧洲、非洲北部和亚洲西南部。

剑鸻 (*Le Pluvier à collier*)

　　剑鸻，别名普通环鸻。体长 17~19 厘米，翼展 35~41 厘米。额前有白色条带，颈部有白色颈圈，黑褐色的颈带一直绕到颈后，背部呈灰褐色。喜欢栖息于湿地环境中，如海岸滩涂、河口、内陆河流、湖泊滩地、沼泽草甸和草地等。结成小群觅食，主要以龙虱、步行甲等昆虫、甲壳类动物和小型无脊椎动物为食，也吃植物嫩芽和种子。分布在欧亚大陆北部、加拿大、格陵兰群岛等地。

marlinet

金眶鸻 （*Le petit Pluvier à collier*）

　　金眶鸻，别名黑领鸻。体长 15~18 厘米，翼展 32~35 厘米。前额呈白色，头顶后部和枕部呈灰褐色，颈部上围着一个黑圈，背和翅膀呈棕灰色。栖息在湖泊、海滨、河岸、沼泽、草地和农田地带。主要以昆虫、蠕虫、软体动物和甲壳类动物为食。繁殖期为 5~7 月，在淡水附近的石子地筑巢，卵为梨形。主要分布在欧亚大陆、非洲和印度尼西亚地区。

马达加斯加红腰杓鹬 (*Beccassine, de madagascar*)

　　红腰杓鹬，别名大杓鹬、彰鸡。体长约六十三厘米。嘴长且向下弯曲。红腰杓鹬喜欢在河口、滩涂、沼泽和盐田附近活动，常边走边将嘴插入泥中探觅食物，主要吃甲壳类动物、软体动物、蠕虫、小鱼和蛙类等。繁殖期以枯草筑巢于沼泽中的土丘上，每窝产卵 4 枚，雌、雄亲鸟共同参与孵化。繁殖于亚洲东北部，迁徙至泰国、新西兰和澳大利亚越冬。

灰鸻（*Le Vanneau varié*）

　　灰鸻，别名灰斑鸻。体长 27~30 厘米，翼展 71~83 厘米，重 190~280 克。头顶至背部为黑褐色，胸部有浅褐色纵纹，腹部呈白色。栖息于海岸、水田、草地、沼泽、河滩、湖岸、河口等地。常聚小群取食昆虫、小鱼、虾、蟹、牡蛎及其他软体动物。繁殖期用小石块筑巢于低洼潮湿地区，每巢产 4 枚卵，雌、雄亲鸟共同孵化。繁殖于全北界北部，迁至热带及亚热带沿海地带越冬。

黑浮鸥（*La Guifette*）

　　黑浮鸥，体长 24~27 厘米，翼展约六十一厘米，重 57~66 克。额部呈白色，头顶及上体为棕色，下体呈褐色。喜欢活动于水生植物密集的湖泊、沼泽、河流地带。在水面上低空飞行时，可捕捉水生昆虫、小型鱼类、甲壳类和两栖动物为食。繁殖期间集群营巢在芦苇堆中，每窝通常产卵 3 枚，由雄鸟和雌鸟轮流孵化。繁殖于北美洲、欧洲及俄罗斯中部的淡水水域。冬季南迁至中美洲及非洲。

美洲大白鹭 (*La grande Aigrette, d'Amérique*)

美洲大白鹭，别名大白鹭美洲亚种。体长 80~104 厘米，翼展 131~170 厘米，为大型涉禽。体羽全白，繁殖期背部披有蓑羽。主要栖息于开阔的河流、湖泊、稻田、沼泽等水域附近。白昼或黄昏在浅水处觅食，主要吃鱼、蛙、小型哺乳动物，偶尔也吃爬行动物和昆虫。繁殖期为 4~7 月，以枯草集群营巢于高大的树上，巢较简陋，每窝产卵 3~6 枚，雌、雄亲鸟共同孵化。主要分布在美洲的中部、北部和南部。

Martinet

新几内亚黑鹭（*Crabier，de la nouvelle Guinée*）

　　黑鹭，体长 42~66 厘米，通体黑色，腿和脚为黄色，是一种中型涉禽。喜欢在湖泊、河流和湿地附近活动。一般在黄昏时觅食，以鱼类为主食，也吃昆虫、甲壳类和软体动物。在捕鱼时它们通常会将翅膀围成一圈，等待小鱼钻到下面时，用嘴飞快地捕食。繁殖期营巢于近水的灌木丛中，每巢产卵 2~4 枚。分布在非洲中南部地区及印度洋诸岛屿附近。

鸬鹚（*Le Cormoran*）

　　鸬鹚，别名鱼鹰、水老鸦。体长110~120厘米，体羽呈黑色且带紫色金属光泽；覆羽呈暗棕色，呈鳞片状。经常活动于海边、湖滨、淡水中，善于潜水，能在水中以长而带钩的嘴捕鱼，以鱼类和甲壳类动物为食。渔人驯养鸬鹚来帮助捕鱼，他们在鸬鹚的脖子上套上一个皮圈防止其吞食捕捉到的鱼类。繁殖期营巢于矮树或芦苇中，每窝卵2~5枚。多分布在温热带水域。

赤嘴潜鸭（*Le Canard Siffleur hupé*）

赤嘴潜鸭，别名红嘴潜鸭、大头红。体长 45~55 厘米，重一千克左右。头部呈浓栗色，上体呈暗褐色，颈部和下体呈黑色。喜欢活动于水较深的湖泊、江河和河口地带，清晨和黄昏通过潜水觅食，主要以水生植物为食，也吃小型无脊椎生物和鱼类。繁殖期用细草和羽毛营巢于芦苇丛中，每窝产卵 6~12 枚，主要由雌鸟孵化。繁殖于欧洲东部到亚洲西部，越冬时迁徙至地中海附近。

蛎鹬（*L'huitrier*）

　　蛎鹬，为爱尔兰的国鸟。体长 40~45 厘米，翼展 80~85 厘米。体羽为黑、白两色；嘴呈红色，长而硬，像刀子一样，可以打开坚硬的贝壳。在海岸、沼泽、岛屿、入海口和江河地带活动。行走在海滩或河滩觅食，以双壳类软体动物如贻贝、蛤、牡蛎，及腹足类、虾、蟹和海洋蠕虫为食。繁殖期雌鸟、雄鸟共同在沼泽、河滩或沙滩上筑巢，每窝产卵 3 枚，雏鸟出壳即可行走。广泛分布在温带和热带地区的沿海地区。

martinet.

爪哇罗纹鸭 (*Sarcelle, de Java*)

罗纹鸭，别名葭凫、镰刀鸭、扁头鸭。头顶为暗栗色，颈的两侧和后颈冠羽为具有紫铜色光泽的铜绿色，下体有褐色横斑。喜栖息于内陆湖泊、沼泽、河流等处的平静水面。黄昏和清晨进行觅食活动，多以植物性食物为主，如水生植物嫩叶、草籽、稻谷等，偶尔也吃小型无脊椎动物。繁殖期在灌木丛或芦苇丛中筑巢，每窝产卵 6~10 枚。繁殖于亚洲东部，越冬迁徙至中国南部、印度、越南和老挝。

赤颈䴙䴘（*Le Jougris*）

　　赤颈䴙䴘，体长 43~58 厘米，重 750~1620 克。头顶呈黑色，喉呈灰白色，前颈、颈侧和上胸呈栗红色，后颈和上体呈灰褐色，下体呈白色。栖息于河口、湖泊、沼泽和水塘中。通过游泳和潜水觅食，冬季以鱼类为主，夏季以昆虫为主，同时也吃甲壳类动物、软体动物、两栖动物和蠕虫。繁殖期筑巢于水草丛中，每窝产卵 4~5 枚。分布在欧洲、非洲极北部海岸、亚洲西南部、西伯利亚、北美洲北部和中国等地。

朋迪榭里钳嘴鹳（*Le Bec~ouvert, de Pondichery*）

钳嘴鹳，体长31~89厘米，翼展147~149厘米。体羽呈白灰色，尾羽呈黑色。喙呈黄灰色，闭合时有缝隙。栖息于环境潮湿的沼泽地、内陆湿地和沿海滩涂。以软体动物、两栖爬行类和甲壳类动物为食。繁殖期用树叶、树枝和草筑巢，捍卫领地的行为明显，每窝产2~5枚卵，雌、雄亲鸟共同孵化。主要分布在印度、巴基斯坦、斯里兰卡、孟加拉国、尼泊尔、越南、缅甸及泰国等国家和地区。

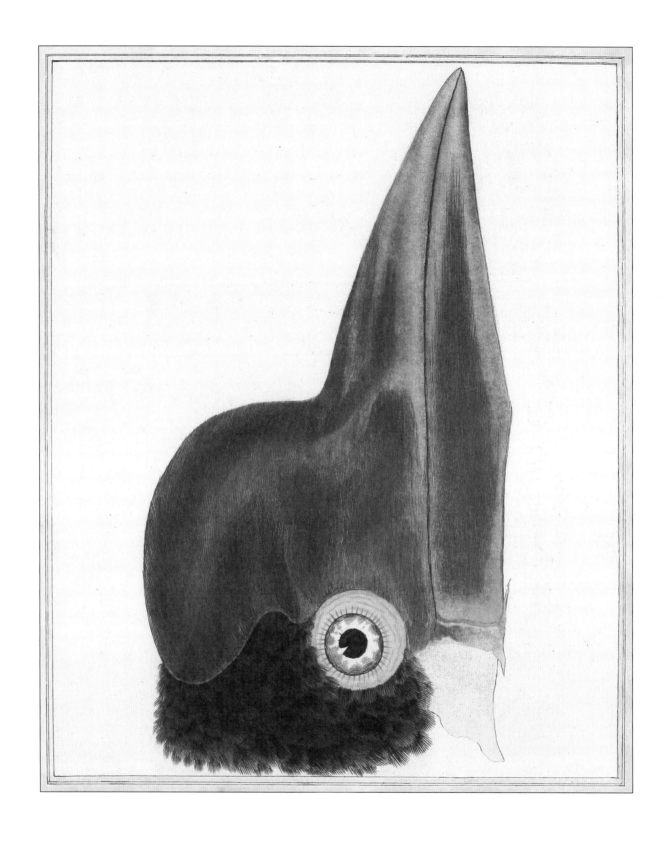

盔犀鸟的头部（*Tête du Calao à casque rond*）

盔犀鸟，别名鹤顶红，是一种奇特而珍贵的大型鸟类。以嘴基部的骨质盔突而著名。头骨像头盔，套在突出的喙上面。因其头骨外红内黄，质地与象牙类似，易于雕刻，所以被当作稀有的雕饰原材料。收藏界流传的"一红二黑三白"说法中，红指的就是盔犀鸟头骨。盔犀鸟属于国家二级保护动物，作为濒危物种，生存面临极大压力。

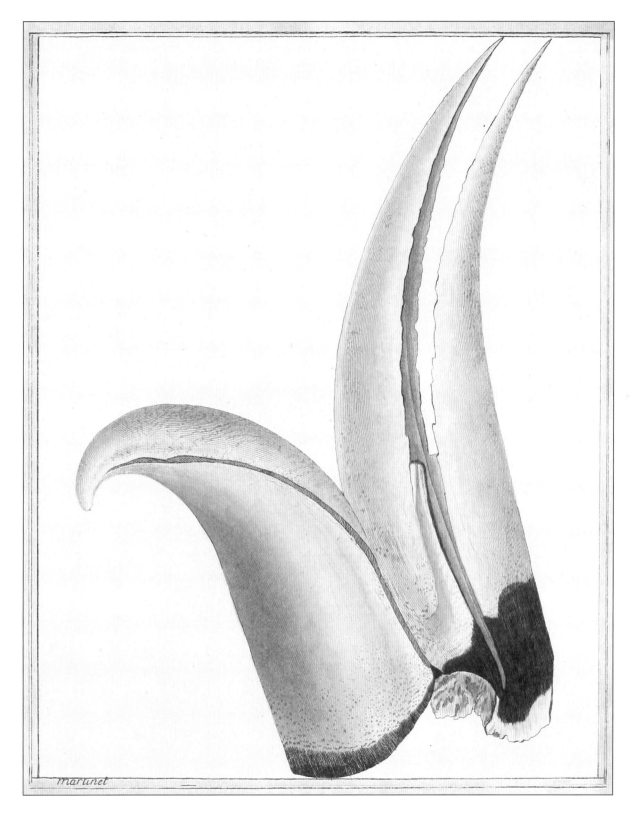

马来犀鸟的喙 （*Bec de l'Oiseau Rhinoceros*）

马来犀鸟，是马来西亚的国鸟，因喙形似犀牛角而得名。喙呈白色和橙色，粗厚且通常具盔突，盔突尖端向上弯曲，像犀牛的角一样。多栖息于原始森林中，以成熟的果实、果浆、昆虫、小蜥蜴、蛇及较细小的鸟类为食。繁殖期营巢于距离地面较高的树洞中，雌鸟产卵后一直守在巢中不外出，由雄鸟喂食，直至雏鸟出生。分布在文莱、印度尼西亚、马来西亚和泰国。

martinet.

弗吉尼亚棕胁秋沙鸭，雄性 (*Harle hupé, de Virginie*)

　　棕胁秋沙鸭，别名镜冠秋沙鸭。体长 43~58 厘米，翼展 56~70 厘米，是北美最小的水鸭。雄鸭头羽隆成脊状，有大片的白色斑羽和界限分明的黑边；背部为石板色，带黑色和白色的斑纹；颈部为黑色；胸腹部呈白色。主要栖息在湖泊、沼泽和池塘中。通过潜水觅食，主要以鱼类、甲壳类动物和水生昆虫为食，偶尔也吃种子和水生植物。繁殖期飞到树洞中筑巢，每次产卵 5~13 枚，由雌鸭单独孵化。主要分布在美国西北部、加拿大南部和密西西比河东部地区。

弗吉尼亚棕胁秋沙鸭，雌性（*Femelle du Harle hupé, de Virginie*）

棕胁秋沙鸭，雌鸭头部和颈部为灰褐色，头羽比雄性略短，背部呈深棕色，腹部呈白色。生活习性同雄鸭。

科罗曼德瘤鸭 (*Oye de la côte de Coromandel*)

　　瘤鸭，额部有黑色肉瘤，头部和颈部为白色且带黑色斑点，上体为带紫色光泽的黑色，下体呈白色。主要栖息在开阔的水塘、湖泊、河流和沼泽地带。它们在白天觅食，有时在水边草地上边行走边吃植物的种子、青草和稻谷，有时边游泳边捕食鱼类、软体动物和昆虫等。繁殖期营巢于近水的树丛中，每窝产卵 8~12 枚。分布在非洲撒哈拉沙漠以南地区、马达加斯加、斯里兰卡、印度、孟加拉国、缅甸、泰国、中南半岛南部和南美洲东北部。

martinet.

黄喉蜂虎（*Le Guêpier*）

　　黄喉蜂虎，别名欧洲蜂虎。体长 23~30 厘米，头顶至上背呈栗色，喉呈黄色，胸腹部为蓝绿色。主要栖息在悬岩、陡坡、河谷和灌木林中。飞行敏捷，善于在飞行中捕食，主要吃黄蜂、蜜蜂和其他膜翅目动物，也吃其他昆虫，如苍蝇、蜻蜓、蝴蝶、蝗虫、蝗虫、蛾、白蚁等。繁殖期成群营巢，雌、雄亲鸟共同用嘴挖掘泥土，巢穴可深达两米。分布在欧洲南部、非洲北部和亚洲西部地区。

卡宴夜鹭（*Le Pouacre, de Cayenne*）

　　夜鹭，别名水洼子、灰洼子、星鸦、苍鹇、星鹇、夜鹤、夜游鹤，是中型涉禽。幼鸟上体呈暗褐色，下体呈白色且带暗褐色纵纹。夜鹭白天栖息在沼泽、灌木丛或树林中，夜晚成小群在浅水处觅食。主要吃鱼和青蛙，也吃水生昆虫、蠕虫和爬行动物。觅食时一动不动站在水边等候，一旦看到猎物，突然将颈部伸长将其抓捕。繁殖期成群以草和枯枝营巢在树上，每窝产卵 3~5 枚，孵出后，经过一个月的时间，雏鸟才能离巢。分布在欧洲、非洲、亚洲中部和南部。

白喉河乌（*Le Merle d'eau*）

　　白喉河乌，别名欧洲河乌。体长 17~20 厘米，翼展 25~30 厘米。上体呈暗褐色，胸部呈白色，腹部呈黑褐色。白喉河乌喜欢在水流湍急的河流附近活动，经常沿着水面飞行，从不远离河岸。主要以无脊椎动物，如石蛾幼虫和蜻蛉为食，也吃一些软体动物、虾和小鱼。繁殖期以树叶、草、苔藓等筑巢于水边的岩石下，巢穴呈隆起状。分布在欧洲、亚洲和北非。

凤头䴙䴘，冬羽（*Le Grebe*）

　　凤头䴙䴘，别名冠䴙䴘、浪里白。体长 46~51 厘米，翼展 59~73 厘米，是体形最大的䴙䴘。冬羽头顶的黑色羽冠消失，上体呈灰褐色，下体呈白色。善潜水，潜水时间可达三分钟，深度达二十米，但一般下潜深度为 4~6 米，在水库、湖泊、江河等水域栖息。主要以鱼类、水生昆虫幼虫、甲壳类动物如海洋虾、软体动物、青蛙和部分水生植物为食。繁殖期营巢于芦苇丛中，每窝产卵 4~5 枚。分布在欧洲、亚洲、非洲和大洋洲。

凤头䴙䴘，夏羽（*Le Grebe hupé*）

凤头䴙䴘，夏羽头顶的黑色羽冠较显著，上体呈灰褐色，下体呈白色。生活习性同冬羽。

路易斯安那斑嘴巨䴘䴘

　　斑嘴巨䴘䴘，体长 31~38 厘米，翼展 45~62 厘米。喙上有一圈黑色，头、后颈和背部为褐色，腹部呈暗白色。不善飞行，遇到危险则潜入水中。主要以水生无脊椎动物、小鱼类和两栖动物为食，也吃少量水生植物。和其他䴘䴘类动物一样，斑嘴巨䴘䴘偶尔吃自己的羽毛来帮助消化和防止骨头等坚硬食物刺伤消化道。主要分布在加拿大，部分分布在美国和南美洲的温带地区。

角䴙䴘，冬羽（*Le petit Grebe*）

　　角䴙䴘，体长 31~39 厘米。夏羽颜色较鲜艳，冬羽头至背部为黑褐色，喉至下体为白色。主要活动于江河、湖泊、沼泽、水塘和水库等环境中，以鱼类、水生昆虫和一些软体动物为食，偶尔也吃水生植物的茎和叶。繁殖期为 5 月中旬至 10 月初，营巢于近水的草丛中，每窝产卵 2~5 枚。分布在欧亚洲的中部、北美洲北部、中国大陆和台湾地区。

martinet

菲律宾小䴙䴘，繁殖羽 (*Castagneux des Philippines*)

　　小䴙䴘，别名水葫芦、油葫芦、王八鸭子。体长 25~30 厘米，重 120~300 克，翼展约一百厘米，是䴙䴘科最小的鸟。繁殖期，羽下喉和颈侧呈栗红色，上体呈黑褐色，下胸和腹部呈白色。腿比较靠后，走路笨拙。性怯懦，常在白天活动，夜晚栖息于隐蔽的水塘、湖泊和沼泽中。以小鱼、虾、昆虫等为食。分布在中国大部、亚洲中部和南部、欧洲中部和南部、非洲南部、菲律宾、印度尼西亚及澳大利亚。

白眉鸭（*La Sarcelle*）

　　白眉鸭，别名巡凫、小石鸭、溪的鸭。体长约四十厘米，重约三百八十克。头和颈部为带有白色细纹的栗色，白色的眉纹一直延伸到头后，较为醒目，上体呈暗褐色。白天在开阔的池塘、沼泽和河口处休息，夜间在潜水处觅食，主要以水生植物的茎、叶、种子和谷物为食，也吃软体动物和甲壳类动物。分布在英国南部、芬兰、法国、意大利、黑海、土耳其、西伯利亚、中国、蒙古和堪察加半岛，冬季成大群迁徙。

绿翅鸭（*La petite Sarcelle*）

　　绿翅鸭，别名小凫、小水鸭、小麻鸭、巴鸭、八鸭、小蚬鸭。体长约三十七厘米，体重约五百克，雄鸭头顶两侧从眼开始有一条宽阔的绿色带斑，一直延伸至颈侧；自嘴角至眼有一窄的浅棕白色细纹，在眼前分别向眼后绿色带斑上下缘延伸。以水生植物种子、嫩叶、螺、甲壳类动物、软体动物、水生昆虫和其他小型无脊椎动物为食。主要栖息在湖泊、江河、水塘中。迁徙季节喜集群。分布在美洲、欧洲、亚洲和非洲等地。

路易斯安那白枕鹊鸭 (*Sarcelle de la Louisiane, ditte la Religieuse*)

　　白枕鹊鸭，别名巨头鹊鸭、白帽鹊鸭。身长约三十七厘米，翼展约五十五厘米，体重 340~450 克。头部因羽毛蓬松而显得略大，脑后有大块白色羽毛。善潜水，飞行快而有力。通常在湖泊、水库、池塘中活动。以水生昆虫、软体动物、小鱼和水生植物为食。10 月底至 11 月初开始迁徙。主要分布在北美地区，包括百慕大、加拿大、开曼群岛、古巴、墨西哥、波多黎各、圣皮埃尔和密克隆群岛及美国等地。

科罗曼德棉凫，雄性 (*Sarcelle mâle, de la côte de Coromandel*)

　　棉凫，别名棉花小鸭、小白鸭子、八鸭、棉鸭。雄鸟额及头顶呈黑褐色，头的余部和颈呈白色，翅上覆羽为具有绿色金属的黑褐色。喜欢在水生植物较多的沼泽、水塘、河川等地活动。白天在岸边觅食，主要以植物性食物为主，如水生植物的芽、叶和根等，也吃一些昆虫、软体动物和甲壳类动物。主要分布在中国、印度、斯里兰卡、孟加拉国、缅甸、泰国、中南半岛、印度尼西亚、马来西亚和澳大利亚东北部等地。

科罗曼德棉凫，雌性 (*Sarcelle femelle, de la côte de Coromandel*)

雌鸟额及头顶呈暗褐色，喉呈白色，胸呈污白色，有黑褐色细斑。生活习性同雄鸭。

普通沙秋鸭，雄性（*Le Harle mâle*）

　　普通秋沙鸭，别名潜水鸭、拉他鸭子、大锯嘴鸭子、鱼钻子、秋沙鸭。雄鸭头上具有绿色金属光泽的黑褐色，枕部具有短而厚的黑褐色羽冠，嘴细长且带钩，上颈呈黑褐色，下颈呈白色。上背呈黑褐色，腰和尾上覆羽呈灰色，尾羽呈灰褐色。下体均为白色。通常在白天觅食，一边游泳一边潜入水中捕食小鱼、软体动物、甲壳类动物和一些水生无脊椎动物。分布在欧洲北部、西伯利亚、北美北部以及中国西北和东北地区。

普通沙秋鸭，雌性（*Le Harle femelle*）

　　雌鸭头部及后颈为棕褐色，喉呈白色，上体呈灰色，下体呈白色。通常在白天觅食，一边游泳一边潜入水中捕食小鱼、软体动物、甲壳类和一些水生无脊椎动物。繁殖期为 5~7 月，每窝产卵 8~13 枚，由雌鸟孵卵，孵化期 32~35 天。分布在欧洲北部、西伯利亚、北美北部和中国西北和东北地区。

北海普通潜鸟（*L'Imbrim, des Mers du Nord*）

　　普通潜鸟，别名北方大潜鸟。体长 61~100 厘米，翼宽 122~152 厘米。嘴较厚且呈黑色；头及颈近黑，头顶较平；前颈有白色颈环，后颈有不规则白色及暗色纵纹形成的带斑。在春秋季节活动于湖泊或其他水域。每次产卵 1~3 枚，雄鸟和雌鸟都参与筑巢与孵化。分布在北美洲北部、格陵兰岛和冰岛，冬季南下至欧洲和北美的西北部海岸。普通潜鸟是加拿大的国鸟，被铸造在加拿大 1 元硬币和 20 加元纸币的背面。

针尾鸭（*Le canard à longue queue*）

　　针尾鸭，别名尖尾鸭、长尾凫、长闹、拖枪鸭、中鸭。体长 43~72 厘米，体重 500~1000 克。雄鸭背部布满淡褐色与白色相间的波状横斑；头顶为暗褐色；颈部有白色纵带且与下体白色相连；正中一对尾羽较长，呈绒黑色。经常活动于河流、湖泊、低洼湿地以及开阔的沿海地带。以植物性食物为食，觅食时间在黄昏和夜晚。繁殖期为 4~7 月，雌鸭孵卵，雄鸭警戒。分布在欧亚大陆北部和北美西部。

路易斯安那绿眉鸭（*Le canard jensen, de la Louisiane*）

　　绿眉鸭，别名葡萄胸鸭。身长 46~53 厘米，翼展 76~89 厘米，体重 665~1330 克。额头有一条白色亮带，眼纹呈深绿色，自眼睛扩展到颈部背后的一侧。它们经常活动在沼泽地区、湿地、淡水河流和湖泊附近，常与赤颈鸭一起飞行。善于在水中觅食，吃昆虫和水生植物的茎叶。筑巢于远离水源的草丛中。在北美洲的北部和西北部繁殖，冬季则迁移到美国东岸、西岸、南岸及中美洲。

斑脸海番鸭（*La grande macreuse*）

　　斑脸海番鸭，别名奇嘴鸭、海番鸭。雌鸭体长 48~56 厘米，重 950~1950 克；雄鸭体长 53~60 厘米，重 1360~2128 克。雄鸭全身呈黑褐色，上嘴基有红、黄、黑色的肉瘤，眼后有新月形白色斑；雌鸭上嘴基及耳部有一淡白色块斑，无肉瘤。主要通过潜水捕食鱼类、水生昆虫、甲壳类动物和贝类动物，下潜深度达五至十米，白天的绝大部分时间都用来觅食。分布在西伯利亚北部、西伯利亚东部沿海、朝鲜、日本、欧洲和北美洲等地。

美洲褐鹈鹕（*Pelican brun, d'Amérique*）

　　褐鹈鹕，体长 106~137 厘米，重 2750~5500 克，是最小的鹈鹕。嘴宽大且长，上嘴尖呈钩状，下嘴分左右二支，中间有一巨大喉囊用来捕鱼，当捕捉一定数量的鱼后，收缩喉囊把水挤出以便吞下食物。经常活动于湖泊、沿海及河川等处。有极强的飞行能力，飞行时头向后缩，颈弯曲成"S"形。分布在加勒比、加拉帕戈斯群岛和美洲海岸，是特克斯和凯科斯群岛的国鸟，也是美国路易斯安那州的州鸟。

赤膀鸭（*Le chipeau*）

赤膀鸭，别名青边仔、漈凫。体长 44~55 厘米，体重 700~1000 克。上体呈暗褐色，背上部的波状细纹呈白色，胸呈暗褐色且具新月形白斑，脚为橙黄色。经常在富有水生植物的开阔水域，如水塘、沼泽、江河、湖泊、水库和河湾等地呈小群活动。多在清晨或黄昏觅食，食物以水生植物为主。觅食时会将头潜入水中或尾朝上倒栽在水中。多分布在欧洲、亚洲北部、北美洲中部和东部。

卡宴黑腹蛇鹈，雄性 (*L'Anhinga, de Cayenne*)

　　黑腹蛇鹈，体长约九十厘米。雄鸟喉为白色，且带黑色斑点，颈细长如蛇，翅膀很大，肩胛处白色丝状羽具黑色羽缘，尾部羽毛呈扇形。游泳时几乎全身潜入水中，头部和颈露在水面外，身体像蛇一样左右摆动。善于潜水，用它们锋利和长而大的鸟喙当作鱼叉叉鱼。主要以鱼类为食。经常栖息于高大的树木上或厚厚的植被区。分布在印度、东南亚、菲律宾、苏拉威西岛及巽他群岛等地。

卡宴黑腹蛇鹈，雌性（*L'Anhinga noir, de Cayenne*）

雌鸟头及颈呈褐色，颈细长如蛇，翅膀很大，尾部羽毛呈扇形。生活习性同雄鸟。

卡宴阿岛军舰鸟 (*La grande frégate, de Cayenne*)

阿岛军舰鸟，别名阿森松军舰鸟，是军舰鸟科、军舰鸟属的大型海鸟。体长70~100厘米。通体黑色羽毛，上嘴呈钩状，喉囊呈鲜红色，脚呈灰色，尾巴分叉宛如燕尾。求偶期喉囊会鼓胀并且朝向雌鸟，翅膀半展以吸引异性。以鱼、软体动物和水母为食，也会抢夺其他鸟类的食物。用鹅卵石、羽毛和骨头在地面上筑巢。分布在南大西洋的厄瓜多尔海上，沿赤道西下加拉帕戈斯群岛，繁殖于水手长鸟岛。

dessiné et gravé par Martinet. Ing

普通剪水鹱（*Le Puffin*）

　　普通剪水鹱，体长 30~38 厘米，翼展 76~89 厘米，重 350~575 克，寿命 25~30 年，有些甚至达到五十年。腹部与喉为白色，头部、背部与尾巴为黑褐色，上嘴为钩状。经常十几个为一群贴近海面飞行，在地面行走时略显笨拙。以小鱼、甲壳类和头足类动物为食。在沿海的高山和岛屿上筑巢。分布在北大西洋东部、夏威夷群岛、地中海和新西兰水域。在不同的地区有不同的名称。

乌信天翁（*Albatros, de la Chine*）

　　乌信天翁，体长 85 厘米，翼展 200 厘米，重 2100~3400 克，中等体型，通体棕黑色。善于长距离飞行和滑翔。主要以鱿鱼、甲壳类、头足类动物和鱼为食，偶尔也吃动物尸体。繁殖期为 10 月份，以泥土和植物性巢材营巢于悬崖的岩脊上，一年只产卵一个，雌鸟孵卵，雄鸟负责警戒。分布在大西洋和印度洋南部。

martinet

花斑鹱（*Le Damier*）

花斑鹱，体长约三十九厘米，翼展约八十六厘米。头部和颈部为黑色，黑色的背部和双翼带有白色斑点。主要以磷虾、鱼类和乌贼为食，也会跟随船只吃人类留下的残羹。繁殖期以卵石筑巢于悬岩下或岩石裂缝处，雌、雄亲鸟均参与孵化。分布在非洲中南部地区（包括阿拉伯半岛的南部、撒哈拉沙漠以南的整个非洲大陆）、印度洋、南美洲、太平洋诸岛屿（包括中国台湾地区、东沙群岛、西沙群岛、中沙群岛、南沙群岛，以及菲律宾、文莱、马来西亚、新加坡、印度尼西亚）、澳大利亚、新西兰和南极地区。

菲律宾斑嘴鹈鹕 （*Pélican, des Philippines*）

　　斑嘴鹈鹕，别名花嘴鹈鹕、犁鹕、逃河、淘鹅、塘鹅、淘河。体长134~156厘米，重达五千克以上。粉红色的嘴上带有一排蓝黑色的斑点，眼周裸露皮肤为粉红色，上体羽毛呈银灰色，后颈羽毛淡褐色，飞羽为黑色。栖息于沿海海岸、江河、湖泊和沼泽地带，以鱼类为食，也吃蛙、甲壳类动物、蜥蜴、蛇等。繁殖期会发出沙哑的嘶声。分布在缅甸、印度、伊朗、斯里兰卡等亚洲南部国家，一直到菲律宾和印度尼西亚。

卡宴蓝翅鸭 (*Sarcelle mâle de Cayenne, ditte le Soucrourou*)

　　蓝翅鸭，别名蓝翅水鸭，体长37~41厘米，翼展60~64厘米，重三百七十克左右。头部呈灰色，有白色眼圈和眼纹，体羽呈红褐色，羽毛有白色镶边，侧翼翼镜为深蓝色。飞行时翅膀振动频率高。常成群活动于湖泊、海湾、江河和海岸等水域。以草籽、稻谷等植物为食，也吃螺或软体动物。分布在北美地区包括美国、加拿大、格陵兰岛、百慕大群岛、圣皮埃尔和密克隆群岛及墨西哥境内北美与中美洲之间的过渡地带，中美洲和南美洲。

卡宴花脸硬尾鸭 （*Sarcelle à queue épineuse, de Cayenne*）

　　花脸硬尾鸭，体长约三十三厘米，翼展约四十三厘米。头部贯穿两条棕黄色条纹，体羽为斑驳的铁锈色，尾羽长而尖。雄鸭颈内有气囊，求偶时可膨大。经常和其他鸭子一起活动在覆盖植被的沼泽、浅湾、池塘或稻田中。主要以植物性食物为主，如水生植物的根、茎、叶和种子，也吃小鱼、软体动物和甲壳类动物。分布在中美洲，如巴拿马、古巴、海地、牙买加等国家，以及南美洲地区，如哥伦比亚、委内瑞拉、圭亚那、厄瓜多尔、秘鲁、玻利维亚、巴西、智利、阿根廷、乌拉圭等国家。

瓜德罗普岛栗胸鸭 (*Sarcelle, de la Gouadeloupe*)

　　栗胸鸭，体长38~46厘米，体重505~766克。头部呈黑绿色，胸部为栗红色，双翼羽毛呈褐色。栖息在河口湿地或沿海地区，在湖泊、水库或池塘附近活动，善于游泳和在水中戏水。通过潜水的方式觅食，主要吃植物和种子，也吃软体动物和甲壳类动物。繁殖期为8~11月，筑巢于树洞中，雌鸭独自孵卵。分布在澳大利亚西南部和东南部，以及塔斯马尼亚及其附近岛屿。

红嘴鸥，冬羽（*Le petit Goiland*）

　　红嘴鸥，别名笑鸥、钓鱼郎，因其体形和毛色都与鸽子相似，又被称作水鸽子。体长 37~43 厘米，翼展 94~105 厘米。冬羽头和颈部呈白色，头顶沾灰，颈下部、上背、肩、尾上覆羽呈灰白色。翼尖和尾羽为黑色，嘴和脚呈赤红色，嘴尖呈黑色。栖息于水库、湖泊、渔塘、海滨、河口、河流和沿海沼泽地带。主要吃小鱼、虾、水生昆虫和软体动物等，也吃一些小型动物的尸体。繁殖期用枯草筑巢于河岸边的芦苇丛中，雌、雄亲鸟轮流孵卵。分布在北美地区、欧亚大陆及非洲北部、中南部地区。

红嘴鸥，夏羽 (*Le petit Goiland*)

　　红嘴鸥，别名笑鸥、钓鱼郎，因其体形和毛色都与鸽子相似，又被称作水鸽子。体长 37~43 厘米，翼展 94~105 厘米。夏羽头至颈上部呈咖啡褐色，羽缘微沾黑，眼后缘有一星月形白斑；颈下部、上背、肩、尾上覆羽呈灰白色，翼尖和尾羽呈黑色。嘴和脚呈赤红色，嘴尖呈黑色。生活习性同冬羽。

琵嘴鸭，雄性（*Le Souchet*）

　　琵嘴鸭，别名铲土鸭、宽嘴鸭、杯凿、广味凫。雄鸭头和上颈为有光泽的暗绿色；嘴呈黑色，大而扁平呈铲状；上背两侧和外侧肩羽呈白色；下颈和胸呈白色，并向上扩展到背侧与背两侧的白色连为一体；脚呈橙红色。活动于湖泊、水塘、河流、沼泽、河口地带和水田中。用呈铲形的嘴在泥土中掘食或将头颈深入水中觅食，主要以小型软体动物、浮游生物、甲壳类动物、昆虫幼虫、小鱼、蛙等为食，冬季也吃一些植物性食物。广泛分布在整个北半球。

琵嘴鸭，雌性（*Femelle du Souchet*）

　　琵嘴鸭，别名铲土鸭、宽嘴鸭、杯凿、广味凫。雌鸭上体呈暗褐色，头顶至后颈有浅棕色纵纹，背和腰有淡红色横斑和棕白色羽缘，翅上覆羽呈蓝灰色，羽缘呈淡棕色。胸部褐色斑纹粗而多。生活习性同雄性。

卡宴褐鲣鸟（*Le fou, de Cayenne*）

　　褐鲣鸟，别名白腹鲣鸟、棕色鲣鸟。体长 70~80 厘米，翼展 140~150 厘米，体型细长。嘴及眼睛周围为黄绿色，上体为黑褐色，胸以下全白。主要栖息在岛屿、海岸、港口及河口地带。以鱼类、乌贼和甲壳类动物为食，通过潜水或游泳觅食。求偶时雄鸟和雌鸟面对面站立，并用颈部互相缠绕示爱。繁殖期以树枝和干草筑巢于海岸边的岩石上。分布在加利福尼亚南部到墨西哥附近的太平洋地区、印度洋及大西洋的热带部分。

卡宴褐鲣鸟，亚成鸟（ *Le fou brun ， de Cayenne* ）

　　褐鲣鸟，别名白腹鲣鸟、棕色鲣鸟。体长70~80厘米，翼展140~150厘米，体型细长。亚成鸟通体呈棕灰色。主要栖息在岛屿、海岸、港口及河口地带。以鱼类、乌贼和甲壳类动物为食，通过潜水或游泳觅食。求偶时雄鸟和雌鸟面对面站立，并用颈部互相缠绕示爱。繁殖期以树枝和干草筑巢于海岸边的岩石上。分布在加利福尼亚南部到墨西哥附近的太平洋地区、印度洋及大西洋的热带部分。

福克兰群岛国王企鹅 (*Le Manchot, des Isles Malouines*)

　　国王企鹅,别名王企鹅。体长 90 厘米 ~100 厘米,重 15~16 千克。嘴巴细长,头上、嘴、脖子呈鲜艳的桔色,且脖子下的桔色羽毛向下和向后延伸,前肢发育成为鳍脚,羽毛呈鳞片状。国王企鹅步行虽略显笨拙,但可将腹部贴于冰面,双翅滑雪以躲避敌害。成群栖息于海水养分充足的南极幅合带,食物以甲壳类动物为主,也吃小鱼和乌贼。主要分布在地极冷水和北部温水交汇的南极洲及其附近岛屿。

卡宴黄颈鹮（*Courly à col blanc, de Cayenne*）

黄颈鹮，体长约七十五厘米。嘴细长而弯曲，眼周皮肤呈灰黑色，颈部呈淡黄色，上体呈灰色，腹部与飞羽呈黑色，翅膀上有大块白斑，脚呈红色。活动于宽阔水域，如田地、沼泽、无树平原和草原。主要以昆虫、蜘蛛、青蛙、蜗牛等爬行类动物，无脊椎动物和软土中的小型哺乳动物为食。用树枝在树上建造结实的巢，每窝产卵 2~4 枚。分布在南美洲北部和东部，包括哥伦比亚、委内瑞拉、圭亚那和巴西。

海鸥 (*La grande mouette cendrée*)

　　海鸥，体长38~44厘米，翼展106~125厘米，体重300~500克。夏天头颈为白色，冬天有淡褐色点斑；背部和翅膀为灰色；尾纯白。作为最常见的海鸟，海鸥活动于海边、海港和渔场附近。以海滨昆虫、软体动物、甲壳类动物为食，还爱捡拾岸边及船上丢弃的剩饭残羹，所以被人们称作"海边清洁工"。它们还可以预报天气，为海上航行的船只提供方向指引。多分布在欧洲、亚洲至阿拉斯加及北美洲西部。

黑海番鸭（*La Macreuse*）

　　黑海番鸭，别名美洲黑凫，头颈和上下体全黑，嘴基有大块肉瘤。成群活动于海岸、岛屿附近的水面和内陆淡水湖泊。地面行走时略显笨拙，贴近水面飞行。善于通过潜水觅食，潜水时间达三十秒以上。以水生昆虫、甲壳类动物、软体动物为食，也吃一些水生植物的根和叶。繁殖期以干植物和绒羽筑巢于离淡水水域不远的草丛或灌木丛中。分布在北半球较冷地区及欧洲、北美洲、亚洲和非洲。

法兰西岛红尾鹲 (*Paille~en queue，de l'Isle de France*)

　　红尾鹲，别名北红尾鸲、穿马褂、大红燕、红尾溜、花红燕儿。体长 78~81 厘米，翼展 104~119 厘米，重量 600~840 克。通体呈白色，因尾部有约四十厘米长的红色尾羽而得名。嘴呈红色，嘴缘呈锯齿状。脚很短。活动于海洋性岛屿的峭壁上，于海洋上空飞翔，但不靠近陆地。以鱼、虾、乌贼为食。分布于欧亚大陆、非洲北部、非洲中南部、印度洋、南美洲、太平洋诸岛屿、华莱士区以东、巴布亚新几内亚以西的区域、澳大利亚和新西兰。

加罗林林鸳鸯，雄性 (*Le beau canard hupé, de la Caroline*)

　　林鸳鸯，别名树鸳鸯、北美鸳鸯。体长 47~54 厘米，翼展 66~75 厘米，雄性体重 544~862 克。通体颜色鲜艳，有两条纵列的白色条纹分布在羽冠上，胸为带有白斑的红褐色，两肋呈青铜色。经常在池塘、湖泊、水库和溪流附近活动，在成熟的阔叶林中距离地面五至十二米的树洞筑巢。以植物性食物为主，如稻谷、作物幼苗、青草和水生植物等。分布在加拿大、美国、古巴、墨西哥及圣皮埃尔和密克隆群岛。

加罗林林鸳鸯，雌性（*Femelle du beau canard hupé, de la Caroline*）

　　林鸳鸯，别名树鸳鸯、北美鸳鸯。体长 47~54 厘米，翼展 66~75 厘米，雌鸟体重 499~862 克。雌鸟通体颜色较朴素，羽毛上有白色眼环，体羽为煤灰色，喉呈白色。生活习性同雄性。

好望角埃及雁，雄性（*Oye, du Cap de Bonne~Esperance*）

埃及雁，别名秃雁。体长 63~73 厘米，翼展 134~154 厘米。雄鸟眼睛呈棕色，眼窝处有一对红色眼圈，像戴着墨镜一样；颈部领围呈红褐色；上体为斑驳的红褐色。在清晨和黄昏时进行觅食活动，以植物的种子、茎、叶和谷物为食，偶尔也吃蝗虫、蠕虫等其他动物。繁殖期用树叶、草、芦苇和羽毛筑巢，雌、雄亲鸟共同孵化。分布在尼罗河上游河谷地带及撒哈拉以南的非洲地区。

好望角埃及雁，雌性 （*Femelle de l'Oye, du Cap de Bonne~Esperance*）

　　埃及雁，雌鸟与雄鸟颜色相似，体型较小。眼睛呈棕色，眼窝处有一对红色眼圈，像戴着墨镜一样；颈部领围呈红褐色；上体为斑驳的红褐色。生活习性同雄性。

西伯利亚凤头黄眉企鹅（*Le manchot hupé, de Siberie*）

　　凤头黄眉企鹅，体长55~65厘米，重2500~4500克。眼睛上方和耳朵两侧有长长的会竖起的黄色羽毛，因而得名。眼睛与嘴为红色，脚为粉红色。因喜欢双脚跳过陡峭的岩石，又被称作跳岩企鹅，一步可以跳三十厘米高。生性凶悍，具有攻击性。在松动的石块或陡峭岩壁间的洞穴间筑巢。以磷虾和鱼类为食。分布在南极洲沿岸，以及马尔维纳斯群岛、智利、赫德岛、麦当劳群岛、新西兰、南非、澳大利亚、法国南部领土和乌拉圭。

豆雁（*L'oye sauvage*）

  豆雁，别名雁鹅。上体呈棕褐色；下体呈污白色；嘴呈黑褐色，端部有一个明亮的黄色带斑，有如口衔一枚黄豆，所以被称作豆雁。繁殖季节的栖息地因亚种不同而不一样，迁徙期间和冬季则主要栖息于沼泽、江河、水库、湖泊和开阔平原地带。多在早晨和下午于栖息地附近觅食，主要以植物的果实、种子和嫩叶为食，偶尔吃少量软体动物。繁殖于西伯利亚大部、欧洲北部、冰岛与格陵兰岛东部、中国东北北部，于中国大部、欧洲中南部、朝鲜和日本等地越冬。

卡宴北鲣鸟 （*Le fou tacheté, de Cayenne*）

北鲣鸟，别名憨鲣鸟、北方塘鹅，是北大西洋最大的海鸟。亚成鸟全身为咖啡色，并具白色杂斑。主要以小鱼为食物，如沙丁鱼、
凤尾鱼、鳕鱼、胡瓜鱼和大西洋鳕鱼等。捕食时，它们从 45 米的高空定位猎物，在距离海面 10~20 米处进行搜索，一旦发现猎物，
迅速潜入水中。分布在北美地区，包括美国、加拿大、格陵兰岛、百慕大群岛，北美与中美洲之间的过渡地带、中美洲、欧亚大陆
及非洲北部。

普通燕鸥 (*L'Hirondelle de Mer*)

　　普通燕鸥，体长约三十五厘米、头顶呈黑色，背、肩和翅为蓝灰色，下体呈白色，尾呈深叉状。呈小群活动在平原、草地、湖泊、海岸、沿海水塘和沼泽地带。它们在水域上空飞翔，一旦发现小鱼、虾等猎物，迅速投入水中捕食，或者在飞行时捕食昆虫等小型动物。繁殖期以枯草和羽毛筑巢于水域边的沙石地上，雌、雄亲鸟轮流孵卵。主要分布在北极及附近地区，冬季迁徙到热带及亚热带海洋地区。

卡宴黑嘴端凤头燕鸥 (*Hirodelle de Mer, de Cayenne*)

　　黑嘴端凤头燕鸥，体长 36~43 厘米，重 210~260 克，翼展 85~110 厘米，寿命可达二十四年。头顶呈黑色；嘴呈黄色，尖端呈黑色；背部、肩部和翅上覆羽为淡灰色；颈部和下体均为白色。善于飞行，能够突然转变飞行速度和方向。主要以鱼类为食，如玉筋鱼、沙丁鱼、鲲鱼、青鱼和黍鲱，也吃蚯蚓和其他软体动物。繁殖期为 5~6 月，筑巢于植被较少的海岸、岩石和砂质中，幼鸟由雌、雄亲鸟共同养育。

疣鼻栖鸭（*Le canard musqué*）

　　疣鼻栖鸭，别名红面鸭、番鸭、美洲家鸭。体长 66~84 厘米，雌鸭约重一千二百五十克，雄鸭约重三千克，翼展 120 厘米。喙呈暗红色，短而窄，基部和眼睛周围有红色或赤黑色的皮瘤，在头部两侧展延较宽且厚。经常在夜间和凌晨活动，喜欢在温暖的水域戏水。以水生植物的根、种子、茎和叶为食，也吃昆虫、软体动物、甲壳类动物、小鱼和爬行动物。分布在阿根廷、巴西、哥伦比亚、厄瓜多尔、法属圭亚那、圭亚那、墨西哥、巴拿马、巴拉圭、秘鲁、美国、乌拉圭、委内瑞拉、智利等国家及地区。

大黑背鸥（*Le Noir~Manteau*）

　　大黑背鸥，体长 64~79 厘米，翼展 150~170 厘米，重 700~2300 克，寿命最长达二十七年，是世界上最大的海鸥之一。头部和身躯为白色；喙呈黄色，长而有力；背部和翅膀为黑色。以动物残骸为食，也可捕捉野兔、小海鸟、小鸭等。筑巢于多岩石的海岸。每次繁殖时，能产下 3 枚卵，出生后第四年翅膀和背部才变成黑色。分布在北美海岸、大西洋北部岛屿、斯堪的纳维亚、爱尔兰、英国和布列塔尼地区。

贼鸥（*Le Stercoraire*）

贼鸥，贼鸥科，有长尾贼鸥、短尾贼鸥、中贼鸥和大贼鸥之分。性较懒惰，从来不自己垒窝筑巢，而是将其他鸟赶出巢穴进而霸占，因此又被称为"空中强盗"。贼鸥对食物的要求较低，鱼、虾、企鹅蛋、幼鸟、海豹的尸体、鸟兽的粪便、人类的剩余饭菜和垃圾都可以成为它们的食物。繁殖期主要栖息于苔原地带，非繁殖期主要栖息于开阔的海洋和近海岸区域。

红喉潜鸟（*Le Plongeon*）

　　红喉潜鸟，别名红喉水鸟，体长 55~67 厘米，翼展 91~116 厘米，是体型最小的潜鸟。夏羽头部、喉和颈呈淡灰色，枕至后颈有黑白色相间的细纵纹，前颈有栗色三角形斑。冬羽头部眼以下的侧面、颈侧、颈、喉至整个下体呈白色，上体呈黑褐色且具白斑点。主要栖息于苔原和森林苔原带的湖泊、江河与水塘中。通过潜水来捕捉各种鱼类为食。分布在古北界、新北界、东洋界及非洲。

风暴海燕 (*Le Petrel, ou l'oiseau~Tempête*)

　　风暴海燕，别名欧洲海燕，体长 14~17 厘米，重 23~29 克，翼展 36~39 厘米。除尾羽有一环白色外，通体为炭黑色。以浮游生物、小鱼、鱿鱼、甲壳类和水母为食，也吃鱼类内脏和油腻食物。繁殖期为 4~7 月，筑巢于岩石之间。多分布在欧洲大陆的沿海岛屿、法罗群岛、英国、爱尔兰和冰岛。由于经常在恶劣的天气下出现在海面上，水手们将风暴海燕看作是凶兆的象征。

斯匹次卑尔根岛象牙鸥（*Le Goiland blanc, du Spitzberg*）

　　象牙鸥，体长约四十三厘米，是唯一全身都呈白色的鸥。脚呈黑色。结成大群巢居在荒凉的岛屿上，以鱼类、甲壳类动物和啮齿动物为食，也经常跟随北极熊等其他食肉动物吃它们吃剩的动物残骸，如海豹或海豚尸体。秋天迁徙距离很短，大部分在积冰边缘过冬。分布在格陵兰岛、北美洲和欧亚大陆最北端。

斑头海番鸭 （*Canard du Hord, appellé le Marchand*）

　　斑头海番鸭，体长78~92厘米，翼展78~92厘米，嘴基有大块肉瘤像一个羽绒球。雄鸭的前额和背颈部有白色的大斑块羽毛。栖息在湖泊和池塘附近或者苔原等空旷的地方。主要以无脊椎动物、甲壳类动物和昆虫为食，偶尔也吃水生植物和种子。分布在北美地区如美国、加拿大、格陵兰岛，以及中美洲地区，如危地马拉、哥斯达黎加、巴拿马、巴哈马、古巴、海地、牙买加等地。

白额燕鸥（*La petite Hirondelle de Mer*）

　　白额燕鸥，别名小燕鸥、小海燕。体长 22~27 厘米，重 55~60 克。嘴基沿眼上方至眼部，以及头顶前部的额为白色；头顶至枕及后颈均为黑色；背、肩、腰呈淡灰色。栖息于内陆水域附近的草丛和灌木丛中，以及沿海海岸、岛屿、河口等地。在空中飞行时搜寻猎物，一旦发现，迅速潜入水中追捕，主要以鱼虾、水生昆虫、水生无脊椎动物为食。分布在欧洲、亚洲、非洲和大洋洲。

路易斯安那白顶玄鸥（*Mouette brune, de la Louisiane*）

　　白顶玄鸥，别名白顶玄燕鸥，体长 40~45 厘米，翼展 75~86 厘米，重 150~272 克。嘴较长，从嘴基开始到眼上，以及头顶为白色；头顶至枕呈灰白色，颈、背和肩为暗褐色。主要栖息于海岛、悬岩、岩礁和海边芦苇及岩石地带。主要靠在海面上飞行觅食，捕食鱼、软体动物和甲壳类动物，也吃漂浮在海面上的动物尸体。分布在热带及亚热带大洋和澳大利亚北部。

卡宴红嘴热带鸟 （*Paille en queue, de Cayenne*）

　　红嘴热带鸟，别名红嘴鹲、短尾热带鸟。体长 46~50 厘米，翼展 99~106 厘米。嘴呈红色，大而直；眼周有黑斑，经眼后延至颈；背部有黑色横斑；中央尾羽呈白色，长约四十六至五十六厘米。或在海洋上空优雅地飞翔，或跟随渔船，发出响亮尖叫，并停于桅杆上歇息。主要以飞鱼、乌贼为食，亦吃甲壳类动物，捕食时两翼半合猛扎入水中，动作似憨鲣鸟。分布在印度洋、太平洋、大西洋等热带和亚热带部分地区。

法罗群岛长尾鸭，夏羽 (*Sarcelle, de l'isle Ferroë*)

　　长尾鸭，体长约五十八厘米，是一种非常罕见的冬候鸟。夏羽大致为黑褐色，从嘴基起围绕眼区有一大型淡棕白色脸斑。腹、下胁及尾下覆羽呈白色。夏天活动于草地、矮桦树林和苔原植被区。觅食主要是通过潜水的方式捕食昆虫的幼虫、虾、甲壳类、小鱼和软体动物，偶尔也吃少量植物性食物。繁殖于北极地区，包括格陵兰岛、冰岛、北美洲北部、欧洲、亚洲北部和白令海峡中的一些岛屿，南至芬兰南部、阿拉斯加南部和加拿大拉布拉多半岛。

埃及白眼潜鸭 （*Sarcelle d'Egypte*）

　　白眼潜鸭，别名白眼凫。体长 33~43 厘米，重 500~1000 克。头、颈呈浓栗色，上体呈暗褐色，腹和尾下覆羽呈白色。活动于富有芦苇和水草的淡水湖泊、池塘中。于清晨和黄昏在植物茂盛的地方潜水觅食，主要吃各类水生植物的茎、叶、芽、嫩枝和种子等植物性食物，也吃甲壳类动物、软体动物、水生昆虫及其幼虫、蛙和小鱼等。在欧洲中部、南部和地中海沿岸国家往东一直到西伯利亚西南部都可见到它们的踪迹。

Martinet.

凤头潜鸭（*Le Morillon*）

凤头潜鸭，别名泽凫、凤头鸭子、黑头四鸭。体长 40~47 厘米，翼展 67~73 厘米，重 550~900 克。头部具黑色羽冠，上体为黑色，胸腹部为白色。凤头潜鸭主要栖息于开阔的湖泊、沼泽、池塘、河流、河口等地。它们通过潜水觅食，以软体动物、水生昆虫和水生植物为食。繁殖期营巢于近水的灌木丛或草丛中，每窝产卵 8~10 枚，由雌鸟孵化。分布在欧洲和亚洲西部，越冬向南迁徙。

斑背潜鸭（*Le Millouinan*）

　　斑背潜鸭，别名铃凫、东方蚬鸭。体长 39~56 厘米，翼展 71~84 厘米。头、颈和胸部为带有绿色光泽的黑色，背部为白色且带黑色细纹，腹部为白色。喜欢在植被茂盛的沼泽、湖泊、河流和水塘地带活动。白天通过潜水觅食，主要以动物性食物为主，如鱼类、甲壳类动物、软体动物、水生昆虫等，偶尔也吃水生植物的茎、叶和种子。繁殖期营巢于近水的干燥地上，每窝产卵 7~10 枚。分布在北美洲、欧洲西部沿岸、地中海沿岸、黑海沿岸、印度、日本、朝鲜及中国大陆。

刀嘴海雀，雄鸟 (*Le Pingoin*)

　　刀嘴海雀，体长 37~39 厘米，翼展 63~68 厘米，体重 500~750 克。雄鸟头、喉、后颈和背部为黑色，前颈、胸和腹部为白色，头部有一条长而窄的纵纹自嘴基开始延伸至眼后。在海上集群生活，善游泳和潜水，不善行走，行走状似企鹅。以鱼类为食，如毛鳞鱼、玉筋鱼、鳕鱼和鲱鱼，也吃甲壳类动物和海洋蠕虫。繁殖期营巢于海岸边的岩石处，每窝产卵一枚，雌、雄亲鸟轮流孵化。分布在北极、亚北极及大西洋北部地区。

刀嘴海雀，雌鸟（*Femelle du Pingoin*）

刀嘴海雀雌鸟头、后颈和背部为黑色，喉、前颈、胸和腹部为白色，头侧的白色纵纹由眼后开始延伸到颈侧。生活习性同雄鸟。

黑脚企鹅（*Le Manchot, des Hottentos*）

　　黑脚企鹅，别名非洲企鹅、斑嘴环企鹅，因叫声像公驴，又被称作公驴企鹅。高 60~70 厘米，重 2200~3500 克。头、后颈及背部为黑色；胸腹部为白色；胸部带有黑色斑点，好像人类的指纹。通过游泳和潜水觅食，以沙丁鱼、凤尾鱼等鱼类，海洋无脊椎动物和小型甲壳类动物为食。全年均可繁殖，雌、雄亲鸟轮流孵化。分布在非洲西南海岸，是唯一在非洲繁殖的企鹅。

麦哲伦地区斑胁草雁（*Oye, des terres Magellaniques*）

　　斑胁草雁，别名高地鹅，有 2 个亚种：白胸斑胁草雁和斑纹胸斑胁草雁。体长 59~72 厘米，头部和上颈部呈栗色，下颈、胸和腹部带有黑色花斑纹。主要栖息于湖泊、沼泽、草原、湿地和海岸。在浅水边觅食，以植物性食物为主，如草、浆果及水生植物的叶和种子等。繁殖期营巢于岩石中，每窝产卵 5~7 枚。分布在哥伦比亚、秘鲁、巴西、智利、圭亚那、苏里南、阿根廷、委内瑞拉、厄瓜多尔、玻利维亚、巴拉圭、乌拉圭及福克兰群岛。

北美斑鸭（*Le Canard brun*）

　　北美斑鸭，中型游禽，体长约五十五厘米。经常成群活动在湖泊、滩涂、水库和河流等水域。善通过游泳觅食，以植物性食物为主，如水生植物的根、叶、稻谷和草籽等，偶尔也吃小型无脊椎动物。生性警惕，睡觉时互相站岗照看。繁殖期营巢于近水的草丛中，每窝产卵 4~12 枚，由雌鸟独自孵化。分布在美国、加拿大、格陵兰岛、百慕大群岛、圣皮埃尔和密克隆群岛及墨西哥。

密克隆长尾鸭，冬羽 (*Canard, de Miclon*)

　　长尾鸭，体长约五十八厘米，是一种非常罕见的冬候鸟。冬羽头顶、后颈、颏、喉呈白色，眼周外一圈及颊呈淡棕褐色，颈侧有一大而显著的黑褐色块斑，胸黑褐色，腹、下胁及尾下覆羽呈白色。冬季栖息于沿海浅水区和泻湖。主要通过潜水的方式捕食昆虫的幼虫、虾、甲壳类动物、小鱼和软体动物，偶尔也吃少量植物性食物。在北极地区繁殖，包括格陵兰岛、冰岛、北美洲北部、欧洲、亚洲北部和白令海峡中的一些岛屿，南到芬兰南部、阿拉斯加南部和加拿大拉布拉多半岛。